U0575115

舒心：
从容迎接
午后的生活

简约生活实践家

〔日〕门仓多仁亚◎著

王菲◎译

山东人民出版社·济南

图书在版编目（CIP）数据

日日舒心：从容迎接今后的生活/（日）门仓多仁亚著；
王菲译.——济南：山东人民出版社，2022.6
ISBN 978-7-209-13757-7

Ⅰ.①日… Ⅱ.①门… ②王… Ⅲ.①人生哲学－通俗
读物 Ⅳ.①B821-49

中国版本图书馆CIP数据核字(2022)第060502号

山东省版权局著作权合同登记号 图字：15－2021－311

日日舒心：从容迎接今后的生活
RIRI SHUXIN CONGRONG YINGJIE JINHOU DE SHENGHUO
〔日〕门仓多仁亚 著 王菲 译

主管单位	山东出版传媒股份有限公司
出版发行	山东人民出版社
出 版 人	胡长青
社 址	济南市市中区舜耕路517号
邮 编	250003
电 话	总编室（0531）82098914
	市场部（0531）82098027
网 址	http://www.sd-book.com.cn
印 装	山东临沂新华印刷物流集团有限责任公司
经 销	新华书店
规 格	32开（148mm×210mm）
印 张	5
字 数	100千字
版 次	2022年6月第1版
印 次	2022年6月第1次
ISBN	978-7-209-13757-7
定 价	42.00元

如有印装质量问题，请与出版社总编室联系调换。

疫情过后，我们该怎样生活？

写这本书时，我从东京搬回鹿儿岛就快满一年了。之前一直住在喧嚣的大城市里，不知何时，竟也渐渐习惯了乡间清静的慢生活。有时候，一个人坐在阳台上，边啜清茶，边赏院景，似乎待上数个钟头也不觉厌烦。

回想住在东京的生活，当时自己总是很忙，不管做什么都急匆匆的。比方说，在用扫地机打扫房间时，我心里也盼着尽早做完，能快一点是一点，哪怕一分、一秒也好。真不知是怎么回事……

而现在，我在打扫时变得从容了许多，不可思议的是，花费的时间跟以前相比并没有太大差别。

人可真是有意思！莫非那时我更喜欢让自己忙起来？可能也跟年轻有关吧。更重要的是，比起年龄和体力，想到要住在大城市就必须支付的高额房租，我也只能去做"拼命三娘"，这也许就是当今经济结构的游戏规则吧。

新冠疫情的暴发，让大多数人的生活都发生了明显的变化：有些人可能会跟我一样猛地放缓脚步，而有些人要比以往更加忙碌。我非常感谢那些为了疫情早日平息而在各个领域坚持拼搏的人们。

因为疫情，我们无法轻易和别人见面，独自思考的时间便自然而然地增加了。我隐隐觉得，这也许是上天赋予我们暂时放缓脚步、认真思考什么才是真正重要的好时机。家人，朋友，健康，或者是有一个可归的家……

不只是个人层面，从全球角度来看，如果经济活动再次恢复到疫情暴发前的状态，不考虑环境负荷，而一味由着人类的欲望肆意妄为的话，地球是否会承受得住呢？这不得不让人担忧。

在这个特殊的时期里，每个人或许都应该去重新审视，甚至是尝试改变自己的思考或生活方式。

拿我个人来说，出于一连串偶然因素，在疫情扩大期间，我将家从东京搬回了鹿儿岛县大隅半岛上自然风光优美的鹿屋市。这本小书里所收录的，便是我搬回鹿屋以来的闻见感思。

随着年龄渐长和环境不断发生变化，对新生活的期待，让平凡的日子也能充实度过的点滴努力，还有一些琐碎的感怀，都被我连缀成了文字。有的也许会引起大家的共鸣，有的也许会引发不同的意见。但不管怎样，如果大家在读这本小书时，能够有所感悟，或是获得一点启发，我就很开心。

等料理教室重新开张后，请大家一定要来鹿屋玩玩！我十分期待，不久后的某一天，能够再次和大家直接见面，一起坐下来，慢慢聊聊生活与人生。

QINGXIN

倾·心

拥 抱 一 见 倾 心 的 生 活

目　录

疫情过后，我们该怎样生活？ …… 01

1章　新的习惯与生活

从东京搬回鹿屋 …… 13

双手合十，祭拜先祖 …… 15

摆上绿植或鲜花，为房间添彩 …… 17

早间家务，开启新一天 …… 19

不互相勉强，愉快分担家务 …… 21

借助To Do清单，将要做的事情"可视化" …… 25

养成骑自行车、散步的好习惯 …… 27

农活是今后面临的课题 …… 30

酣眠的法则 …… 32

Body，Mind and Soul

（身体、思想、心灵）…… 34

2章　打造舒适的住居空间

慷慨放手曾经钟情的家具 …… 53

大件家具断舍离，靠设计图进行场景练习 …… 56

用巧思妙招，打造理想之家 …… 59

开放式厨房，做起料理来更快乐 …… 62

为物品找到合适的"安身之处" …… 64

维修保养与DIY，让家里外更舒适 …… 67

用心仪的画作装饰房间 …… 69

3章　天然时尚和养生饮食

钟爱简约舒适的服饰 …… 81

今后的头发风格 …… 85

清洁感决定第一印象 …… 87

凡事需秉持"自己的哲学" …… 90

每天的菜单根据食材来定 …… 93

有滋有味的出汁用途多多 …… 95

鲜味十足的绝品鱼汤 …… 97

素朴器皿深得我意 …… 101

料理反复做更有趣 …… 103

4章　开心度日的生活良方

互联网时代坚持订阅报纸 …… 108

不受外界嘈杂信息的干扰 …… 110

抛掉察言观色，随心所欲畅谈 …… 113

虽不能见，心却相连 …… 116

跟父母的相处建议分开应对 …… 119

独处时光，治愈心灵 …… 122

善用语言交流 …… 125

创造点滴乐趣，每天都有好心情 …… 128

5章　今后的生活由自己做主

打造一个疗愈心灵的料理场所 …… 132

多仁亚厨房，从舒适空间起步 …… 135

淑子姐教我在鹿屋生活 …… 137

疫情下体会到的寻常喜悦 …… 139

选择自己想要的生活 …… 142

活出自己的幸福人生 …… 144

摄影/安彦幸枝
设计/川村哲司（atmosphere ltd.）

新的习惯与生活

1章

从东京搬回鹿屋

十多年前，我们在先生的老家鹿儿岛县鹿屋市盖了现在住的这栋房子。说起盖房缘由，那是在更早些时候，我和先生在聊到将来的住居时，曾讨论过：是继续在东京租房生活，还是干脆买套属于自己的公寓？但因东京房价太高，也曾考虑是否搬到关东近郊一带漂亮的住宅区里。

夫妻俩商量了半天后，先生说他特别想住自己动手盖的独栋房（日式一户建）。要盖房子的话，就想盖在跟周围人有密切联系的土地上。最终，我们便在先生老家的宅地上盖了这栋房子。房子盖好后，我们只是想着早晚有一天会回去住，并没有定具体日子。

不过，在数年前，先生从公司退休后，比我早一步回到了鹿屋生活。我仍继续住在东京的租赁公寓里，做些料理教室之类的工作。两个人来往于东京和鹿儿岛，有时待在一起，有时独自一人，尽情享受着都市、乡村两重奏的生活模式。如今想起来，那段时间真的是自由又奢侈。对我来说，选择待在东京还有一个很重要的理由，便是能够和同样住在东京的父母随时见面，这让人感到格外安心。

然而，2020年新春刚过，新冠疫情突然来袭。到了二三月份，病毒感染范围扩大，疫情形势变得严峻，政府开始呼吁人们进行"不要不急"的自肃生活。也就是说，若非必要且紧急的事情就尽量不要出门。于是，3月份的料理教室活动全部匆忙取消。可一个月过去后，疫情仍未见好转，结果4月到9月份的料理教室活动也都被按下了"暂停键"。

3月份因为手头没有工作，我暂时回了趟鹿屋，没想到竟成了破天荒的长期滞留。直到6月中旬左右，跨县流动限制条令解除后，我才得以再次返回东京。回是回了，但如果一直没有工作的话，就付不起公寓的房租。认清这一现实状况后，8月底我便下决心把整个家都搬回鹿屋。所以说，这次搬家的决断下得很仓促。

俗话说，世事无常。此言果真不假。但幸运的是，我在乡间早已有了可归之家，2019年的时候，还在老家的旧宅地上盖了一座用来举办料理教室的房子。我本打算将生活据点慢慢地挪回鹿屋，未曾想突然间就切换到了乡间日常模式。崭新的冒险之旅便由此启程。

双手合十，祭拜先祖

说起搬回鹿屋后的变化，一是住起了独家院，二是家里多了座佛龛。早些日子，先生的老家被拆掉时，我主动把佛龛请到了家里，找了一处合适的位置摆好。从那之后，每天早上祭拜先祖便成了我的一个新习惯。

清晨给佛龛供茶一般都是比我早起的先生帮忙负责，像更换鲜花、摆放供品等则是我来做。这些对我来说无不是新鲜的体验。将我们吃的食物摆在小巧的碗碟里，供在佛龛前，这种仪式让人感觉充满温情。

此外，扫墓也是一项新的日常活动。鹿儿岛的人格外重视祭祀先祖，隔三岔五地就会去墓地拜一拜，我家是每周去一次。以前我们住在东京时，因为离得太远，大都是拜托住在老家隔壁的淑子姐（先生的姐姐）扫墓。现在我俩既然搬回了鹿屋，便和淑子姐商量好以后两家轮流负责。

供在墓前的鲜花要想收拾得好看，出乎意料地考验人的审美品位，而我常常在买花时就开始纠结。所以，每次去扫墓时，我都会顺便看看其他墓前摆的花束，发现有些人在花色搭配、选花技巧上很有亮点，特别受益。淑子姐平时也会养些花。而我眼下要做的，首先是集中精力去适应这些新的生活习惯。

摆上绿植或鲜花，为房间添彩

　　房间里摆上些植物，氛围顿时就会改变。不管是绿植还是鲜花，只要是有生命的东西，仅仅摆在那里就很美。在这次搬家前，我们每月回鹿儿岛时都仅待一周左右，所以便自觉放弃养绿植，想装点房间时就往瓶子里插束鲜花。但既然今后要在鹿儿岛长住，我便和先生商量着，准备养些观叶植物。冬天里我没怎么有兴致，而当嗅到春天的气息时，心里被盈盈绿意惹得痒痒的，便琢磨着买什么植物才好。

　　我的要求只有一条：照料起来不费事。考虑到不用每天浇水、一周浇一次就OK的植物最省心，我便先买了一盆春羽（selloum），之前住在东京时也养过。植物的生长状态容易受光照等因素影响，因此我打算参考春羽的生长情况，再慢慢去遴选下一盆植物。

　　除了绿植外，家里的好几处角落里都随时摆有花。玄关鞋柜上有些空间，心想摆点儿当季鲜花的话，应该能给房间增添一分风趣。去年整个秋天，鞋柜上面都摆着一盆兰草。那盆兰草还是在我家附近的车站店铺买到的，几乎不需打理，并且开了许多漂亮的小花。新年伊始，我又往瓶子里插了些养在院子里的水仙花，放到了鞋柜上。夏秋时节，我常常会从淑子姐的农地里采些时令花草来装点房间。我最喜欢百日草、紫绒鼠尾草，以后也想自己播点儿种子，养养看。

另外，我还储备了很多一到春天就会开花的球根类植物。在德国，球根类植物往往被人们视为漫长寒冷的冬季结束后春天到访的象征。也许是受这一观念影响，我特别喜爱球根类植物。水培的风信子球根放在专用花瓶里，好几种土培球根则埋在了院子一角的空地上。但球根栽培容易失败，保险起见，刚过完年，我便买了一些已经培育出芽的风信子、葡萄风信子球根，分别种在了心仪的花盆里。

用鲜花装点房间时，我一般不会考虑太多，随便把一朵讨自己喜欢的花插在中意的花瓶甚至是玻璃杯里就OK。哪怕没有场地种花也不要紧，鹿屋有很多无人花店，碰到不错的花时直接买回来就可以。无人花店里摆的花大都是供祭拜或扫墓用的，不过并无妨，因为我纯粹只是想用漂亮的颜色来装点房间而已，只要是自己喜欢的花，而且看着赏心悦目就好。

早间家务，开启新一天

　　清晨时光中，变化比较大的要数起床时间。我一般是七点左右才起床。先生正好和我形成鲜明对比，他似乎习惯自然早起，每天总是不到六点就起身，给佛龛供上茶水后，就一个人静静地吃早餐。两人都遵循各自的生物钟迎接早晨的到来，恐怕没有比这更惬意的了。以前住在东京时，每天早上我都不得不在四点半硬撑着爬起来，刚过五点就得开车送先生去公司上班。现在想来，那时体力蛮充沛的。

　　鹿屋的新生活开启后，我起床变得有点儿晚，但想趁早间收拾利索的家务基本上没怎么变，像打扫浴缸、整理物品、清理积灰等等。早上起来做完这些，将整个家打理得干干净净整整齐齐后，我就能怀着轻松舒畅的心情迎接崭新的一天。

　　最近，我早上的生活很规律：先往佛龛前拜一拜；再冲杯咖啡，边吃点儿简餐边浏览报纸；吃过饭后，换衣刷牙，顺手将洗面台周围擦干净；拉开卧室窗帘，若遇上大好晴天，就把窗户、房门也都打开，给房间通风换气；先生的床铺若还没来得及整理，我就帮着捋一捋。

这些家务做完后，就剩下简单的整理了。在家里到处走走看看，如果碰见一直摆在外面还没来得及收拾的物品，比如前一天夜里用过的酒杯，就拿起来放到厨房洗碗池里；整理整理沙发坐垫、靠枕，叠一叠午休用的毛毯，将餐厅的椅子摆回原位，摁下洗衣机按钮开启自动洗衣。趁此期间，把堆在厨房洗碗池里的物品洗干净，擦掉喷溅到四周的水迹，再顺便擦一下餐桌。

最后是打扫地板。东京公寓里每个房间都铺有地毯，灰尘并不很显眼，每周只需打扫一次。而现在的家里全是木地板，一旦落灰的话就比较醒目。不过，若每天都打扫会很累，因此，像家具、地板上落的积灰，我通常是隔天清理，地毯仍然是每周用扫地机打扫一次。

整个流程做完后，时间差不多到了上午九点，和住在东京时没有太大变化。我不指望把家务做到100%完美，只要是达到哪怕突然有人登门造访也不会觉得不好意思示人的状态就OK。

顺便说一下，在早间的家务中，像扔垃圾、打扫卫生间，先生都会主动帮着做。我真的特别感谢！他还会帮忙干些院子里的活儿，不过因为最近多了块种有香草、蔬菜的农地，今后我也要积极参与。

不互相勉强，愉快分担家务

在东京生活时，先生几乎没做过什么家务。说起理由，其实很简单，因为他每天从早忙到晚，根本没有做家务的工夫。他每天早上五点多就要动身去公司，晚上七点过后才回到家里，吃过晚饭后稍微放松片刻就得去睡觉，免得第二天起不来。现在想想，那时候每天都委实不易。与整天待在公司的先生相比，我的工作不太受时间约束，相对自由些，所以家务都是由我一人包办。

后来，先生从公司退休，比我提前一步回到了鹿屋，生活方式截然改变。一个人住的话，先生就得自己学着做家务，包括做饭。住在隔壁的淑子姐夫妇好像时不时会给他送些饭菜，但也不是说顿顿都有。在不断摸索历练中，先生好歹形成了自己的一套家务法则：清早起床后，先整理床铺，再用扫地机打扫屋子，洗衣，收拾卫生间……

所以，等我搬回鹿屋一起住后，先生便自然帮着做起了家务。比如说做料理，虽然大都是由我掌勺，但先生偶尔会帮我生炭火烤年糕，像一烤就会散发难闻气味的青花鱼鱼干，他也会学烧烤时那样在院子里用炭火帮忙烤熟。肉、鱼果然还是用炭火烤着吃味道最棒！寒冬时节不适合待在屋外，等天暖和时，俩人坐在小院里，一边用炭火烤鱼，一边啜着冰镇白葡萄酒，颇能体会到别样的闲情乐趣。

抱歉，话题跑偏了……总而言之，对于料理以外的家务，先生的想法是"能干的人干就好"，这让我很感激。因为体质问题，我早上刚起床时一般不大有精神，但先生一早起来动作就很麻利，给佛龛供茶，收拾床铺，打扫卫生间。等他七点半左右出门练习高尔夫球时，我才开始正式活动，洗洗衣服，用扫地机做做扫除。就这样，两个人的生活节奏便各自顺其自然地固定了下来。

现在我们两人都不用按点上班，家务活儿不再是"强制性工作"，而是"谁注意到时顺手做就好"，这种宽松模式让彼此都感到很舒服。跟住公寓时比起来，住进独家院后，多了些扫除、房屋维护的事情，家务量骤增，所以两个人能搭把手一起做的话最理想。

也许有人认为，家务活儿就是女人的工作。我并不这样认为。因为女人跟男人一样，同样会上年纪，各种事情做起来会渐渐变得吃力。更何况，妻子无法像丈夫能从公司或单位退休那样，可以从家务活儿中"退休"。夫妻俩千万不能忘记这一点，要多去为对方考虑才是。每天的生活，是由住在同一屋檐下的人互助互补，共同创造并长久维持的。由谁分担哪些家务，自然是每家每户因人而异。我衷心希望，等两个人都上年纪后，仍能够不去勉强对方或一个人硬撑着，而是能携手相扶、舒适、从容地生活。

提起分担家务，我不由得想到了我的父母。母亲上了岁数后，体力大不如以前，曾坦言做饭特别费力，甚至考虑食谱、外出购物都快要做不动了。父亲听了以后，并没有埋怨，便决定和母亲分开吃早餐。自然地，起床时间也开始按各自的身体状况来定，早餐能吃到各自喜欢的食物，两个人好像都轻快了很多。父亲偏爱和食，自己常会做些味噌汤保存起来慢慢喝，有时会在起床后就烤年糕吃；而母亲喜欢西式早餐，常爱吃牛奶煮麦片、亚麻油淋煮鸡蛋，或是裸麦面包抹果酱搭配牛奶咖啡，等等。

早餐分开吃以后，母亲又开始拜托父亲去采购东西。父亲自己挑选的话，就需要考虑和饮食相关的一连串事情，比如吃什么、怎么做。之前这些家务都是母亲一个人做的，让父亲帮着分担后，母亲整个人变得自由又轻松。

实在没办法的话，我建议不妨申请家政服务。海外的家政服务比日本国内的利用起来更随意、便捷。不用在意别人的眼光，将家务委托给专业人员来做也未尝不可。夫妇间不互相勉强，有商有量地，一起动脑考虑的话，说不定就能找到分担家务的良策。

借助To Do清单，将要做的事情"可视化"

　　　　用扫地机打扫完房间后就去晾衣服，可是九点半就要
捣年糕了，捣年糕前得先把用来蘸年糕吃的酱油萝卜泥做
出来。望一眼地头儿，迷你胡萝卜也该拔了。不过，去拔
之前，得把捣年糕用的料理教室的窗户打开……啊！差点
忘了，手里的扫地机还在嗡嗡运转着……

　　如果将我脑海中的混乱状态用文字表述出来，大概就是上
面这种感觉。每个人的处事方式也许因人而异，但我正好属于
同时想把所有事情都一口气干完的那类人。出于着急，这里转
转、那里晃晃，各种要做的事情在脑子里不停地窜来窜去，好
不容易着手一件时立马就会分心跑神，结果什么也没干成，眼
睁睁地看着宝贵的时间白白溜走了。类似的事情经常在我身上
上演……

　　为了解决这个问题，我想到了一个好办法：不管三七二十一，

先把要做的事情写到纸上。

人们总会说，写到纸上的话就不愿再动脑子去记，没什么好处。其实并无妨，在其他地方多多用脑就是了。对我来说，比起看不见摸不着的"坏处"，要做的事情能够有条不紊、高效率推进的话，倒是能减轻不少压力。

因此，我平时就会制作一份"To Do清单"（待办事项清单）摆在桌子上，清早起来或晚上睡觉前顺便瞄几眼，以便随时都能确认。赶上繁忙时期，我还会做一份一周安排计划表，从工作到饮食全部一条条列清楚。是否按部就班地去执行暂且不提，重要的是，如果有个在记不大清时能够立马拿出来确认，或是能够帮忙补充主意的记事本，我就会觉得安心。仅仅是把要做的事情写出来而已，却让我感觉肩上犹如少了一副担子。

尤其是工作忙碌时，再去担心吃饭问题就会很头疼吧。坦白说，我并不讨厌做饭，相反，当集中注意力去准备料理时，还能暂时从其他烦心事或压力中解脱出来。只不过，在忙成一团时，还要考虑做什么饭菜真有点吃不消，所以我常会事先想好菜单并写到纸上。如此一来，既能提前去购买食材，也方便拜托先生跑一趟，格外省心。为了防止遗忘，我还会把日常购物清单记到iPhone自带的记事簿里，但出门时如果忘了带iPhone就糟糕了……

养成骑自行车、散步的好习惯

大家有没有这样一种感受：当住在东京、大阪等大城市里时，我们在日常生活中无意识间就会活动身体？我小的时候，电梯还未普及，印象中母亲每天都要背着大包小包，拖着一身疲惫回家，她常调侃说：不安电梯而让人全凭两条腿爬上爬下的，完全是日本政府"为维持国民健康"的"阴谋"……我至今仍会时不时想起母亲发的这些牢骚。

不过，我觉得步行有助于维持健康，所以对装不装电梯都没什么意见。和四五十年前不同的是，现在大部分公共场所都安装了很多扶梯或电梯。如果有意不去乘坐的话，每天仅是上下班、上下学、外出买买东西，运动量也不能小觑。比起特意跑到健身房健身或进行专业的体育运动，我更喜欢像这样在日常生活中多去活动身体。

住在东京时，我常徒步去车站，然后走楼梯去乘电车，中途换乘时，再来回上下爬几段楼梯，等抵达站点后，离目的地的一小段距离仍然是步行，所以轻轻松松地就能完成"一日走一万步"的健康目标。

与之相比，鹿屋的生活无异于天壤之别。想出门买点东西时，比方说要去超市、家居中心等地方，因为距离比较远，只能开车去；可承受的徒步范围内，只有便利店、无人花店而已。平时活动身体的机会也格外有限，顶多是在屋里转转、去院子里拔拔草、傍晚去淑子姐家送道自己做的菜。虽然我感觉自己一直在活动，但无奈家里是平房，到天黑时看看计步器，画面显示才不过200步！这个可怜巴巴的数字让人直怀疑是不是漏了一位数……

在鹿屋住了几个月后，当意识到现实情况很"严峻"时，我开始寻思着：今后要想继续畅饮喜欢的啤酒，必须得想办法多运动！对我来说，最简单、最经济的运动方式就是骑自行车，便立马行动了起来。现在，我特别喜欢骑着自行车去各个地方转悠。起初，遇上大暑天或碰到坡道时感觉很吃力，但坚持骑了一阵子后，身体竟然慢慢习惯了，自己都感觉不可思议！德国的外祖父曾说："人过八十照样能锻炼肌肉！"看来还真有道理。我常骑着自行车去邮局，步行需要10分钟的单程距离，骑车的话转眼就能到。

骑车带来的另一个变化是，身体的平衡感明显改善。刚骑没多久时，单手一丢车把，整个人便摇摇晃晃的。可是现在，我不但能单手骑车，还能边骑边回头确认后方有没有车开过来。我原以为骑自行车只是锻炼腿部而已，其实还需要利用腹肌保持上半身的平衡，可谓一种全身运动。今后，我也想一直骑下去呢！

另外，最近我又拾起了和先生每周隔上两三天便一块儿外出散步的习惯。住在东京时，两个人一到周末就会步行去咖啡店小坐。如今，我们在散步时又添了新的乐趣。平日散步时经过的自行车道，恰好坐落在林木茂盛的大自然中，因此，我们可以近距离感知一年四季内树木的变化：有时会闻到甜甜的桂花香，有时会偶遇被野猪拱得一塌糊涂的泥坑，有时还会惊喜地发现反季绽放的樱花……

我深深感觉，在鹿屋散步，不但有益于身体健康，还能让心灵跟着呼吸新鲜空气，一同恢复活力。

不管怎么说，我心里很明白，只要生活在以汽车为主要移动手段的社会里，就必须有意识地活动身体。如果大家也不喜欢去封闭压抑的健身房健身，不妨试着像我一样，在平时多注意锻炼身体。

农活是今后面临的课题

回到鹿屋后，我便和农活打起了交道。虽这样说，但只不过是一块巴掌大的农地，让人都不好意思说出口……不过，对我而言，农活是一项全新的挑战，直到今天自己仍然在摸索试探。去年夏天，我第一次试着种了些西葫芦、小西红柿，秋天栽了些新手也能养活的土豆、胡萝卜、樱桃萝卜。今年入春后，我正琢磨着再种点儿什么其他的蔬菜时，没想到一下子就碰到了连作障碍问题。

连作障碍，就是连续在同一块土地里种植同类蔬菜，引起土壤营养失衡，进而导致农作物生长发育异常。关于这个问题，我曾经在书里读到过，略微了解。为了避开这种情况，我特意把农地划分成四片，分开管理各个片区的作物，但是很繁琐，需要多查、多记笔记、反复调研，并牢记每种植物都属于哪一科……如果是大型农业，病害发生时可直接喷洒农药，但好不容易经营家庭菜园，加上规模也不大，就不大愿意用农药，而宁肯从健康的土壤培育开始一步步做起。大家说是不是呢？

前几天，我在附近的家居中心发现了"五月皇后"这个品种的土豆种薯。因为很早之前就想种种看，我便买了些回来，期待春天能够顺利播种。很多其他的种菜计划，我也希望一点点都能实现……

酣眠的法则

人们常说，一夜酣眠过后，第二天整个人神清气爽。睡眠确实非常重要，我对此也有切身感受。好在，近段日子我的睡眠质量不错，每天都能睡够8小时。如果问有什么秘诀，就是不要积攒精神压力，尽量别打乱生活规律，如按时就寝等。

最近，我开始在睡前做起了拉伸运动。起初当察觉到肩膀有点酸疼时，我偶然间看到了报纸上介绍的助眠体操，便留心每晚睡前照着做一做。我本不擅长体育运动，身体也有些僵硬，不过就这点儿体操的话，应该能坚持下去。

在助眠体操中，我最喜欢放松后背的按摩体操。将像是把两个网球粘连在一起的小型健身器具放在地板上，平躺上去后，用两个球之间的缝隙夹住肩胛骨附近的脊柱，两手上举，将全身重量都压在球上；保持这一姿势，上下滚动球体，就能听到背部骨头咯吱作响的声音。每次按摩完以后，肩背感觉十分轻快。

冬天天冷时，我还习惯在睡觉时煨热水袋。我用的橡胶热水袋在德国家庭里很常见，摸起来很软和，放在被窝里也没有什么不适感。有时，我会把热水袋摆到脚边或者直接放到肚子上，身子被暖得热乎乎的，非常舒服。

夏季暑热难耐时，为了夜间能够安然入眠，我还试着在床上铺起了蔺草席。蔺草席吸湿性很好，触感干燥清爽，躺在上面休息时，心情也变得清凉畅快。

还有，不管什么季节，我都习惯睡前躺在床上看会儿书，这时候灯光就比较重要。在觅到中意的灯具前，我先暂时从宜家买了盏台灯，没想到很好用，一下子便喜欢上了。灯脖子又细又长，能自由扭转，可以随意调整光线方向。台灯底座上带有夹子，能固定在床头柜边。邻床的先生先躺下休息时，我也不用担心灯光会影响到他，照旧看自己的书，所以说这盏灯仿佛是自己的"贴心小助手"。偶尔睡不着时，我常会特意挑些有难度的书读读，往往不出一分钟便开始打哈欠，睡意悄然袭来。这些无疑都是有效的酣眠法则。

Body，Mind and Soul（身体、思想、心灵）

　　我感觉大家平时在说"保持健康"时，通常是指身体健康，也就是指调养好身体别生病。具体方法有很多，比如定期运动锻炼、饮食注重营养均衡等。不过，仅做到这些就能保持健康吗？

　　我的母亲非常喜欢读书，并且会同时阅读好几本不同领域的书籍。近些年来，母亲比较关心的是："随着年龄不断增长，怎样才能过得更幸福、更满意？"她觉得，世界上一切文化、宗教教义里应该都包含老年人幸福生活的智慧，凡涉及这方面的书，她都会找来读读看看，试图从中获得启发。因此，当先生退休后打算搬回鹿儿岛时，母亲曾特意叮嘱他："要重视Body，Mind and Soul的平衡。"我第一次听到时，凭直觉也认为很有道理，便始终牢记这句话，时刻下意识去践行。

　　Body，Mind and Soul是英语，大家对它的解释各有千秋，我个人的理解大概如下：

首先来看"Body"。Body能用眼睛看到，译成最明白易懂的"身体"即可。身体是外在的，当它生病或受伤时，我们能直接感知或看到状态的变化，所以总会以身体为中心去判断是否健康。身体抱恙时，自然不能称健康。因此，要想保持身体健康，就要适量运动、注意饮食营养均衡、保证充足的睡眠等等。

接下来是"Mind"。我手头的英日词典将其译为"心"，我觉得不大妥帖。理由是，Mind并不存在于心（Heart）里，而是存在于大脑（Brain）中。所以说，比起"心"来，我觉得它更接近于"思想"。母亲在解释时，提到了读书和永远不要停止思考的重要性。Mind和Body不同，由于很难被看到，因此容易被遗忘。近年来，阿尔茨海默病备受社会关注，人们纷纷重视记忆力的训练，训练方法五花八门，层出不穷。我个人觉得并不需要什么特殊的训练，哪怕只是准备一日三餐，也能让头脑变得更聪明灵活。琢磨着要做什么，考虑营养该怎么搭配，回忆一下家里的食材还剩多少，想想需要补添哪些东西，购物时斟酌斟酌预算……这些都是生活中了不起的"大脑体操"。

最后是"Soul"。词典释义为"灵魂"，而我更愿意将其简单翻译为"心灵"。心灵同样难以用眼睛去观察，所以也总被忽视，但若想过上更美好、更有意义的人生，首先就得保持心灵健康。心灵健康，就是指内心有所寄托，不会感到空虚或迷茫。那么，怎样做才好呢？大原则是，用喜爱的事情将生活填满，并享受其中。办法有很多，我们既可以去试着寻找自己的生存价值，也可以借助某种事或物，丰盈内心，润泽心灵。拿老年人来说，很多人会把守护孙辈的成长当作后半生的活头，而有的人觉得长年陪在身旁的宠物让自己感到幸福知足；有些人认为积极参加志愿活动就是自己的人生意义所在，也有些人会培养某种兴趣爱好来滋养心灵……

每个人的感受都是独一无二的，并没有什么正确答案。最重要的是，找到真正属于自己的幸福，并去加倍珍惜与呵护。

打造舒适的住居空间

2章

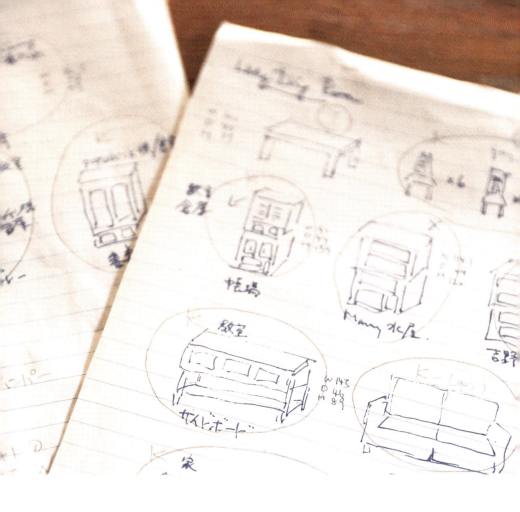

慷慨放手曾经钟情的家具

趁这次把家搬回鹿儿岛，我顺势处理掉几件大家具。一件是自己爱用的旧桐木柜子，还是一位参加料理教室的学生送给我的。柜子属于和式风格，把手设计简约，加之使用了有些年头，整体彰显着一种安稳沉静的气息。它原是收纳和服用的，我把它摆到客厅一角，用来存放玻璃杯。玻璃杯直接放到大抽屉里时会晃动，我便请认识的木匠师傅帮忙做了格子状的隔断。柜子很实用，而且收纳量惊人，像平时用的玻璃杯、在德国觅到的100年前Jugendstil（意为"青年风格"）的红酒杯、香槟酒杯等，统统都能放进去。

后来我才知道，这种柜子的抗震能力很强。不管地震有多强烈，抽屉门都不会像餐柜门那样轻易被晃开，所以把贵重物品放进去也不用担心。还有，比较有意思的是，每次当我从柜子里拿取玻璃杯时，凡是看到的客人都感觉很新奇，我也会跟着有点小得意。但十分遗憾，鹿儿岛的家实在腾不出地方安放这个柜子，我只好依依不舍地放手了。

另外，我还处理掉了一张很爱用的、陪伴了自己二十多年的大木桌。它是我在东京青山区的一家英国古董店里发现的，原来可能是张餐桌。我把电脑、在德国买的心爱台灯、笔筒、收纳零碎物品的抽屉盒都摆到桌子上后，面前还能空出一大片地方，工作时正好用来摊放资料，很是便利。桌子自带两个大抽屉，其中一个还附着小锁和钥匙，我便把家里的银行存折、印章等较贵重的物品都放在了里面。拉开抽屉，里面的物品一目了然，用着特别方便。可惜的是，鹿儿岛的家里也没有地方摆这张大木桌。

除此之外，那张带着螺旋桌腿、造型优雅的折叠桌，原本放在房间的角落里，用来摆放辅助照明的台灯、观叶植物，这次也被我处置掉了。还有一张小桌儿，虽不像前面那几种家具一样属于古董，但很讨我喜欢，这次我也下决心跟它说拜拜了。之前搬家时它的桌腿就折断过一次，修好后一直用到现在，也算发挥尽了余热。

这样一一追忆起来，自己多少会感慨："多么棒的家具啊！""处理掉真可惜！"不过，好在真正扔掉的只有小桌儿和旧桐木柜子（因和式家具很难找到买家，回收店不愿意收）。想到其他几样家具说不定还会"邂逅"新的主人，心里的愧疚之情略减。

　　曾经钟情的家具，若被当作大件垃圾送到垃圾焚烧厂，只是沦为垃圾而已，虽然不知道最终是否会被烧掉，但是明明还能用却轻易废弃的话，未免有些可惜。（在日本，凡超过规定尺寸的大型家具不能直接丢到垃圾回收点，一般需要自行送到当地的垃圾焚烧厂，或是请焚烧厂工作人员上门回收，无论哪种方法都需支付一定的费用——译者注）

　　出于惜物之情，我上网搜了一下附近回收旧家具的古董店。这些家具因使用较久，想转手卖掉的话，需要花些功夫修理，所以店家总共才给了5000日元（约280元人民币）。不过，对方能够免费回收，也算帮了自己一个大忙。若能像这样循环利用，让物品不断踏上新旅程，做到"物尽其用"，似乎也不错。我同样期待着，将来有一天，能够在哪个古董店或跳蚤市场上，再次"邂逅"让自己怦然心动的物品。

大件家具断舍离，靠设计图进行场景练习

　　整理整顿的基础就是，先把想要收拾的东西全都集中到一处。如此想来，这次搬家对我来说，显然是一个将至今不断增加的物品全都集中起来、细加整理的大好时机。从鹿儿岛的房子竣工到此次搬家，这中间的十多年里，我和先生基本上是住在东京，不过每月会回鹿儿岛一趟。尽管每次都只是待一周左右，可是要想正常生活，就离不开一些基本的必需品，像床、餐桌、椅子、餐具……自己尽力用最少的物品去生活，但不知不觉间物品仍多了起来。

　　加之，东京的公寓住了二十多年，家具、日常生活用品，还有料理教室用具等，数量也不可小觑。我虽然常常会定期检查整理，但想到将来也许还要搬家，新家说不定会用到，便将一些不舍得断舍离的物品暂时放了起来，没想到竟攒了很多。看来，越是对未来怀揣梦想和希望，越舍不得轻易放手……不过，我确信，这次搬家就是终点站。搬家后再也用不到的物

品，便是不需要的。认清这点后，我发现在对物品进行整理、分类时就轻松了许多。

先从家具着手。家具尺寸较大，使用场所有限，相对容易做决断。下面就介绍一下我的做法。

第一步，准备一张新房间的设计图（没有的话，可以自己用尺子测量一下房间尺寸后动手画一张）。关键的一点是，所有的缩小比例要统一。建筑师画的设计图一般都会备注尺寸，能够直接核查；自己画时，设计图往往都会画得有点大，我推荐把缩小比例定为1∶50，用起来比较方便。计算方法：为统一单位，先测量房间，将1m转换为1cm。按照1∶50的比例计算的话，100cm÷50=2cm，因此，将实际上是1m的长度在设计图上画成2cm即可。

第二步，在纸上按设计图同等比例画出所有家具的简略图，标好尺寸，再制作出能够灵活移动的迷你模型。模型用点心盒那种略厚实的纸板制作，更便于挪动。因为模型大小差不多，容易混淆，所以千万别忘了标上各件家具的名称。

第三步，就十分有意思啦！将每种家具的模型放到设计图上面，像玩拼图那样，边来回挪动，边考虑布局，看看哪件家具摆到哪里最合适。比起仅是在脑海中想象，借助设计图和家具模型，既能确认尺寸又能进行场景练习。

　　一通场景练习结束后，我下决心处理掉东京公寓里的床、旧桐木柜子、折叠桌等几件家具。有人替我感到惋惜，但对我来说，持有的物品减少后，肩上的担子也随之卸落，一时间觉得轻松了很多。学着给生活、物品做减法，内心自然就会增加一分从容。

用巧思妙招，打造理想之家

　　在盖鹿儿岛的家时，我提了两点要求：一是外观设计成传统的日式风格，屋顶采用瓦顶，外墙贴上杉木板，以便与近邻景致相融合；二是内部装修、室内装饰设计成西式风格，以贴合日常的生活。房子照期待中的模样盖好后，我和先生一直都没在里面长时间住过，直到今年才终于正式入住。

　　十多年过去后，随着时间的流逝，最初有些发白的外墙木板历经风吹日晒，多少有些剥蚀脏污，不过恰好与周围环境融为一体。等实际住进去生活后，我又意识到：家的外观固然要紧，但更关键的是住起来是否舒服。随着我和先生两个人慢慢老去，考虑到今后得多注意维持身体健康，房间除了用起来要便利外，温度管理也很重要。

　　在鹿儿岛，一年中最难熬的要数湿热的夏季。除了给每个房间都装上空调，我在新家中也有不少巧思。比如，给房子西边的窗玻璃贴上遮光布或在窗外搭上苇帘来挡热，用茶叶箱、除湿器等来对付潮湿天气，等等。

还有一点，大家也许感到意外，鹿屋的冬天相当冷。中午时分，阳光照射到阳台上，气温能升到20度左右。这个时候，坐在阳台上，围着火盆啜茶晒太阳，整个人暖洋洋的，直觉慵懒惬意。但在清晨时分，每天的气温往往要低到结霜的程度。木造房屋通风性较好，夏天时能有效隔热，但冬天时要想把整个家弄暖和起来可是个大难题。

我家基本上是用蓄热取暖器取暖，但受热范围仅局限于放有取暖器的房间。考虑到冷空气会从窗户附近侵入屋内，我特意在洗澡间摆了一台瞬间制热的红外线电暖器，并在卫生间的窗台下面放了一台取暖炉，免得洗澡或上厕所时冻得打哆嗦。窗户是强冷空气率先侵入的场所，所以挂什么窗帘也很重要。我个人推荐带有衬里的厚窗帘，尺寸也尽量留长一些，这样就能有效防止寒气从窗户下面的缝隙里溜进来。

总而言之，不管是什么样的房子，如果不住住看的话，很多问题也许就察觉不到。一天天过日子时，我们就会慢慢注意到更多细微的地方，有所察觉之时就是维护或改善的好时机。关键是不能坐视不管，而要思考怎么做才能让自己生活得更满意顺心。有些问题虽不是说立刻就能解决，但若是自己真的上心，说不定就会从别人的家里、店里或杂志上，发现一些可拿来借鉴模仿的妙招。不断累积这些巧思妙招的话，就会离自己心目中理想的家更近一步，大家说是不是呢？

最近，我比较在意的是房间照明。天一黑，读书场所就变得很有限，我正在琢磨着有没有好的解决办法。我不想陷入既让人头疼又不美观的"配线地狱"（各种电器的配线乱糟糟地缠在一起），不过，这得等所有家具、电器的摆放位置都固定下来后才能考虑。其他也有一些地方想改善，但并不太着急。面对在意或用着不顺手的地方，夫妻俩慢慢商量，一块儿想办法，一点点去解决的话，令人满意的空间就会增多，住起来也会更舒适。

开放式厨房，做起料理来更快乐

鹿儿岛家里的厨房是开放式的。尽管厨房里的物品散乱时，能够轻易被人看到，但是我实在不喜欢把厨门关起来，一个人窝在里面闷头做饭。所以早些年在盖房子时，我特意选择了这种开放式设计。

每次做饭时，厨房总是被弄得又脏又乱，洗碗池四周也会变得"惨不忍睹"，但是没办法，东西只要用就会变脏。近段时间，像刮鱼鳞这些易弄脏厨房的活儿，先生都会主动替我做。做饭时如果一个人应付不过来，家人主动协助也是很自然的事。大家一起动手准备料理时，聊天也有了话题，整个过程很快乐，所以我总会暗自感叹："厨房设计成开放式太好了！"

令人感到高兴的是，家里来客人的话，当大家一同干杯时，我也能在开放式厨房里边张罗料理边参与。如果是普通的厨房，一个人在灶台前默默做着饭，听到门外餐厅里洋溢的欢声笑语时，就会莫名伤感，仿佛自己是用人一样。这也算是我把餐厅和厨房设计成一体式的部分理由吧。

但是，厨房毕竟要汇集大量的食材、厨具，若想让厨房随时保持干净整洁，就得在收纳上多动动脑筋，最基础的就是要确保充足的收纳空间。我在厨房旁边设计了一个大储藏室，用来存放备用品和不常用的厨具。相比可视化收纳，我更偏爱隐藏式收纳，因此在厨房岛台背面也设置了收纳场所。物品都摆到外面的话，自己总惦记着去收拾，但从一开始便把好关的话，就能省掉很多烦恼。

无论如何，我们都不能忘记的是，家是生活的场所，而非展示间。不管别人怎么想，一家人住着舒服才最重要，这点只有住在里面的人才能懂。

我突然想起了一位熟识的建筑师的话："建筑师虽然能在设计上驰骋想象，但都抵不过家人在日常实践中所下的功夫。"这样看来，理想之家的营造似乎永无止境。在今后的生活中，我也想继续积累经验，不断尝试，争取打造出让人更满意的厨房。

为物品找到合适的"安身之处"

　　这次搬家令我欣慰的是，能够趁机重新审视手头所持有的物品。我在收拾整理时，一般会一件件确认，思考在什么时候、哪个地方、哪种场合下会用到，然后为它们决定合适的"安身之处"。住在鹿儿岛尚不满一年，家里的收纳还未达到100%完美状态（当然，没必要做到绝对完美）。不过，在我看来，理想的收纳，就是当想用某件物品时，我和先生都能立马想到在哪儿放着。

　　比方说，洗衣间里除了放洗衣机，还放有衣物洗涤剂、打扫工具、卫生间和厨房的备用品等。当我看到厨房排气扇的滤纸沾满油污，想要换滤纸时，一想到跟扫除有关，就可以直接到洗衣间取。同样的道理，像笔、信封、打印纸类就放在办公桌周围，图书、杂志则集中摆在大书架上。走廊里的壁橱除了收纳鞋子、外套、背包等户外用品，还放有换洗的沙发罩和备用的抱枕。

像这样，将有关联的物品集中到一处的话，整理起来就很轻松。只不过，好不容易收拾整齐的物品，一用起来就会渐渐变得乱七八糟。没办法，这就是生活，我只能尽量提醒自己别太在意。如果哪个地方确实乱到自己都看不下去、忍不住想要收拾时，我就会把那个地方收纳的物品全都拿出来，摊在地板上，按照需要与否的标准，重新理一遍。也有人说，物品的收纳位置最好按日常动线来定。但我觉得，不常用的物品放在正好空着的地方也没什么不便。

与此相对，常用的物品如果没有固定的收纳位置，那么房间就有可能永远收拾不完。拿我家来说，平时用的日式食器、西式餐具等收在厨房或餐厅里，取用时很方便。每天吃过晚饭后，我都会把用过的餐具全都放到洗碗机里清洗，睡前再取出来放回餐柜。如果餐柜离洗碗机较远，刚开始也许会尽力去做，但慢慢地就会觉得很费劲。长此以往，洗好的餐具可能就会一直堆在洗碗机里。所以说，如果能早一点把餐具收纳在每天都方便拿取的地方，自己就会轻松很多。

另外，厨房的餐具我还会按使用频率分地方收纳。常用的餐具就放在岛台下面的橱柜或洗碗池上方的吊橱里。吊橱里放玻璃杯、马克杯，岛台橱柜里放平时用的碗盘、烘烤用的耐热器皿跟一些大盘子。招待客人用的餐具则收纳在餐桌旁的餐具柜里，按照红酒杯、玻璃杯、客人专用茶具、大号盘子、日式食器等分类摆放。

　　尽管说起来挺像模像样，但我做的收纳距理想中的状态还差一截。例如，我一直都想把资料文件夹集中起来保管，无奈收纳空间有限，目前仍分置两处。家里的收纳是按生活、工作来区分的，毕竟不是做给谁看，只要方便家人使用，知道哪些物品放在哪里就好。有时在决定收纳场所时，我还会问问先生的意见，省得以后被他问东问西。理由是，自己觉得理所当然的事情，家人未必也能这样想，这点我想请大家时刻牢记在心。

维修保养与DIY，让家里外更舒适

　　鹿儿岛的家已有十多年房龄，差不多是时候要考虑维护了。外墙因长年经受风吹雨淋，加上时不时降落的樱岛火山灰的"助攻"，看起来有点脏。前段日子，先生的堂弟提了一句："这墙冲洗冲洗就会变得很干净呢！"说心里话，我挺喜欢如今外墙那种斑驳沉稳的感觉，不想弄得锃光瓦亮，但要想让房子维持较长的使用寿命，确实有必要冲洗并粉刷一遍。

　　和外墙一样，屋内我也在一点点做着保养。以前俩人住在东京时，每次回鹿儿岛的家顶多待一周，哪怕有在意的地方也没怎么管。但今后毕竟要在这里长住，不能再像之前那样"视而不见"，所以，觉得用起来不便的地方就拜托专业人员维修，或者是自己动手改善。

　　最初，我比较在意走廊里的壁橱。外出穿的鞋子、外套等，还有平时用不到的零碎物品都放在里面。鹿儿岛的家最难对付的是夏季的潮湿气候，尤其是皮革制品，动辄就会发霉，而我平时能做的只有勤加通风换气而已。无奈的是，和收纳数量相比，收纳空间要小很多，无论如何物品都会发霉。为解决这个"老大难"问题，我和先生费了不少心思。

首先，为了收放易发霉的鞋子，我们买了一个大号茶叶箱。茶叶箱是能够防止茶叶受潮的保存箱，箱体外侧的杉木具有优良的吸湿调节功能，内侧贴有一层马口铁。我先把鞋架放进箱子，又往架子上摆满了鞋子。整个夏天过去后，打开箱子一看，里面的鞋子果真没有发霉。日本优越的传统技术让人钦佩！

另外，为了让壁橱更加通风，我特意把橱门改成了百叶窗的样式。原来安的是普通橱门，关上后，空气似乎就停止了流动，而百叶窗橱门时刻都能够通风。新的橱门透着一种浓郁的南国风，甚合我意。

前段时间，我感觉壁橱里能够挂包包的地方很少，便去宜家买了三根长款挂钩回来，安在了内侧橱壁上，帽子、雨伞、包包等都可以挂在上面。看着壁橱里的收纳空间"有效扩展"，心情畅快了许多。

用心仪的画作装饰房间

我听说日本人不大乐意在墙壁上凿孔，这种心情可以理解。不过，在凿过孔后，只需涂点儿墙面修补剂，小小的洞眼就能被完美遮盖起来。虽然需要费些功夫去修补，但如果能把喜欢的画装饰在房间里，每次打画前路过时，心情就会变得明快起来。

具体拿什么画作来装饰并没有规定，只要是喜欢的就可以，没必要去买贵的或是专找名家作品。这样一说，大家也许反倒更要犯愁……

要是没什么心仪的画作但又很想装饰时，先试试明信片怎么样？别人送的，自己买的，或古典风的，随便哪种都不错。单独一张摆在那里就很漂亮，而我更喜欢同时摆上数枚色调和谐或同一主题的明信片，看上去很有冲击力。若想突显视觉效果，不妨用画框把明信片镶起来。画框尺寸可以选与明信片大小吻合的，也可选稍大一圈的，中间垫张衬纸的话，就能让一张简简单单的明信片平添几分厚重感。

除了明信片，还可以用花朵卡片。我常常爱在德国的古董店里淘些旧时的花朵卡片，然后裱起来挂在墙上。卡片里的花朵色泽艳丽，造型华美，画作不挑地方，既可以挂在墙壁中央，也可以摆在小桌上或台灯旁边。桌子上摆着台灯、画，偶尔再配朵应季的鲜花，精致的一角便呈现在眼前。这跟日本和室壁龛里的装饰似乎也暗暗相通。

我家墙上还贴有一张橄榄枝海报，是去意大利时别人送的。工作厨房里挂着一张法国著名插画家让·雅克·桑贝（Jean-Jaque Sempe）画的海报，是我23岁时在伦敦买到的。桑贝先生的作品总能给平淡无奇的日常带来一丝幽默，每一幅都很治愈。每当看到他的画作时，我总会忍不住抿嘴微笑。

作为家人间的回忆，我家最宝贵的一张画要属淑子姐画的一幅油绘作品。淑子姐还有一张蚀刻雕版画，是她最喜欢的雕刻家船越桂创作的。我二十多年前也跟风买了一幅，在家里挂了这么多年，仍然看不厌。前不久，一户当地人家在整理旧居时，送了我一张樱岛的画，我也把它裱好挂到了墙上作装饰。另外，一张印着我很欣赏的几句话的纸，也被我嵌入相框摆在了桌头，每次看到时都感觉心头暖暖的。

总之，拿什么来装饰都可以，哪怕是杂志剪报。大家不妨先找一张喜欢的画，摆在桌上或是哪里，看看自己在注视它时能否得到治愈。如果有那么一点效果的话，也许大家就会更想用画来装饰房间。

3章 天然时尚和养生饮食

日日舒心……
从容迎接今后的生活

Spring

Summer

Autumn

Winter

钟爱简约舒适的服饰

眼看自己就快55岁了，但在穿衣打扮上，我的想法跟之前比并没有多大的变化。我在选衣服时向来都比较重视两点：一是便于活动，二是穿着舒适。如果是买日常休闲服，我还会考虑是否容易打理，一般会选在家就能清洗的布料。

还有，我过去一直都喜欢设计简约、基础色系的服饰，想添些色彩时常会搭条印花围巾。这两三年也许是因为上了岁数，我开始穿起了亮色衬衫，感觉亮丽的颜色能把人衬得更年轻有活力。

通常情况下，我比较倾向男孩风的打扮，也就是裤子配格子衬衫加毛衣。衬衫稍微烫一下会显得很整齐，换种颜色就能让穿搭变得更有趣。天略凉时，我常会在衬衫外面套件毛衣来保暖。下面就介绍近年来我个人比较满意的几款服装搭配（P82～P84），希望能给大家提供些参考。

【春】Frank & Eileen格子衬衫+短牛仔裤

每逢春天，亮色长袖衬衫频频登场。春寒料峭之际，我会在衬衫上套件毛衣或针织开衫。John Smedley家的毛衣颜色丰富，并且设计有精致的V领，两件套也很不错。这个牌子的毛衣虽然有点贵，但由于款式经典，不会轻易过时，手头有一件的话应该穿不腻。衬衫的话，这些年我最中意Frank & Eileen家的（如图）。衬衫的领口开得略大点儿，不过那种开放感正合我意。不过，在店里选衣服时，五颜六色的衬衫让人眼花缭乱，想要选出最为称心的一件很难。衬衫的价位也有点高，但性价比不错，加上麻质衣料穿起来舒服又耐洗，应该能穿很久。

【夏】L.L.Bean麻质衬衫+Marc O'Polo卡其裤+Jim Thompson围巾

日本的夏天湿热交加，常会让人出很多汗，所以我一般爱穿耐搓洗的T恤或半袖的麻质衬衫。我买了好几件Three Dots家的衬衫，领口设计得很漂亮。另外，我还有数件Banana Republic、Gap家的T恤。平时在家大多穿短裤，外出时会换上八分牛仔裤或卡其裤，再配一双SUPERGA家的白色运动鞋。每次换上这套男孩风的帅气装扮时，整个人也跟着清爽飞扬起来。有正事需要出门时，我就在这套装扮的基础上再搭条质地轻柔、颜色亮丽的围巾。提起围巾，近来我比较喜欢Jim Thompson家的款式。

【秋】法兰绒格子衬衫+Marc O'Polo背心+牛仔裤

入秋后，我常爱穿休闲风格的法兰绒格纹衬衫。法兰绒衬衫不但穿着暖和，还方便活动，套上棉背心后，更觉全身暖洋洋的，令人很满意。我穿的衬衫牌子并不固定，几年前在银座三越百货商场的休闲服装区闲逛时，偶然发现一件很可爱的法兰绒衬衫，后来我便成了那儿的常客。现在手头上的衬衫大多是在那里买的。当时，我还顺便买了一条YANUK家的牛仔裤。挑选的裤子得适合自己的体型，只有多试穿才行。三越百货商场的休闲服装区售有很多像我这个年纪的人也能穿的休闲服，有它在，我就很安心。

此外，我也常爱把Banana Republic家Sloan系列的紧腿裤当成休闲裤来穿。每次回德国时，我也总会到Marc O'Polo服饰品牌店里转转。这个牌子来自瑞典，在德国的几乎所有城市里都开有连锁店，很受人们欢迎。

【冬】Margaret Howell 高领毛衣＋长款百褶裙＋Jim Thompson 围巾

冬季穿衣风格通常就是裤子＋毛衣，可是今年冬天我试着冒了次险。前几年里，我也穿过休闲半身裙和连衣裙，但近来也许是上年纪的缘故，开始觉得裙子下摆有点短。正当我苦恼时，恰巧在 Margaret Howell 的店里碰到了一条下摆较长的百褶裙。裙子里面套上一条优衣库的保暖打底裤，再配上常穿的 New Balance 运动鞋，便成了一套新装扮。这套装扮既保暖又不影响身体活动，加上裙子让腰身显瘦，给人一种轻盈的感觉，走起路来甚至有点小激动。想穿稍显正式的裤子时，我一般选 Theory 家。Theory 家的裤子基本款式比较稳定，只不过每年裤线都略有变化。若碰到心仪款式的裤子，哪怕不是常穿的颜色也值得入手。不然，如果看中了哪一年上市的裤子，拖到第二年再去买时，说不定裤线早已不是之前的设计风格了……

今后的头发风格

随着年龄渐增，我在穿着打扮上越来越优先考虑起头发。因为白发早生，我从30多岁起到现在一直都在坚持染发，而且每次都是去美发店。但受各种不确定的因素影响，我发现很难定期去美发店。所以，不知打何时起，每当看到一头灰发的女性时，我就会忍不住多望几眼，觉得自自然然的也蛮有气质，要不等到什么时候自己也停止染发吧？

我喜欢天然本真的状态，讨厌故作年轻，何况一头乌黑的发色和失去弹力的肌肤并不怎么协调。可是，发色一旦改变，整体形象便会随之变化，适合自己的服装颜色也必然会跟着改变。对于在色彩审美方面缺乏自信的我来说，一想到为了配合无法想象的新面貌，要去重新搭配衣服的款色，就觉得充满挑战性，所以长期以来自己始终未能痛痛快快地作出决断。

思来想去的结果是，虽然没打算让自己看起来更年轻，但也不愿意看上去比实际年龄老，所以决定继续坚持染发。不过，等岁过花甲后，我也会像妈妈那样让头发回归自然的色泽。这件小事在心里纠结了很多年，终于下定决心后，整个人不由得长舒一口气。

清洁感决定第一印象

日语中的"きれい"（綺麗）一词不仅指外观漂亮，还意味着"清洁"。当注意到这两重解释时，我突然有点儿感动。是啊，清洁感绝对不能小觑。无论是物品、空间，还是人，只要保持最起码的清洁，不用去刻意打扮装饰，看起来就很美。我想，这应该是全世界人都共同持有的价值观吧（许多宗教教义都会教导人们清洁感的重要性）。

仪表同样需要讲究清洁。上年纪后刻在脸上的皱纹，因发质改变显得毛躁凌乱的头发，因常年爱穿而变松垮的衣服，这些在别人看来多少都显得缺乏清洁感。为避免给人留下这种印象，我在平日里就常多加留意，及时去美发店剪发染发。

跟别人见面时，第一印象往往会持续很久。首先，远远地望到轮廓，待对方走过来后才能看清面部，因此这时候决定第一印象的，通常就是发型。若留一头长发，受发质影响，可能会略显沉闷，还会让因上年纪而松弛的皮肤看起来更下垂。所以拿我个人来说，我一向都是剪短碎发，希望能给人留下清爽、利落的印象。

提起穿着的清洁感，我会注意在皮鞋、运动鞋、白衬衫、T恤等还没穿到太旧时就及时替换。不过，我又正好属于凡是钟爱的衣服、鞋子便想一直用下去的那类人，所以总是纠结不知何时应该放手，当然其中也有惜物观念在"作怪"。好在，用到什么程度才算旧因人而异，所以我便拜托先生，哪天他若觉得我的衣服旧得不能再穿时，就麻烦提醒一声。（至今还未说过一次……）

罩衫、衬衫之类的衣服，精心熨烫的话，不仅能提升清洁感，穿在身上时心情也更愉快。德国的外祖母连内衣、牛仔裤都要熨烫，我觉得没必要做到那一步。不过，像麻质衬衫类的，我都爱熨一下再穿。特别是麻质衣服，有些人喜欢它本来皱皱的感觉，直接穿就很好看，而我往往会先熨烫平整，穿上身后任其自然起皱。我也爱用麻质的围裙、桌布，和衬衫一样，都会在用前熨烫一下。

还有一点，也许用不着我多言，衣服一定要选适合自己体型的。不合身的衬衫、外套穿在自己身上时，就像是偷穿别人的衣服一样，看起来不搭。不过只要动手简单修改一下尺寸，给人的印象就大不一样。

另外，牙齿也会影响第一印象，对此，大家说不定会感到意外。虽然没必要专门跑去做护齿美白，但起码要保持口腔清洁，至少注意不要有蛀齿和口臭。平时除了刷牙，也请不要忘记使用牙线及时清理干净牙缝里的残渣。我一般爱用Oral-B（欧乐）家的Glide系列牙线，去海外旅行前常常会买上很多，随身带着。说实话，我不怎么喜欢去看牙医，但为了保持牙齿健康，每隔三个月都会定期检查一次牙齿。

除了仪表，我也会时刻留心自己的走姿。我看不惯拖着脚走路的人，而在日本经常能碰到，可能是人们穿草鞋时留下来的习惯吧。穿草鞋时那种走姿确实很美，但换成一般的鞋子仍然那样走路的话就有伤大雅。在西欧国家，如果小孩子拖着脚走路，一定会被大人训斥："Pick up your feet!"（把你的脚抬起来！）意思就是，脚尖不要朝内，抬起腿慢慢地、堂堂正正地走。还有，碎步小跑在西欧也被认为是有失体统（在日本，眼看快要迟到时，碎步小跑会被当作尊重对方的表现，在海外并非如此，大家去国外时请牢记这一点）。笑时不要用手掩口，尽量不说让别人费解的流行语，与人交谈时认真注视对方的眼睛，还有，打招呼时别忘了微笑。因为无论在世界哪个地方，碰上语言不通的人时，只要露出笑容，彼此就能友好会意。

总而言之，不管到什么年纪，我都想努力保持清洁感，为他人，更为自己。

凡事需秉持"自己的哲学"

"Style"一词不仅用于时尚，还能用在生活方式上。

至今为止，我遇到过很多女性：有跟自己脾性相投的，也有不合的；有给人印象美好的，也有自己招架不住的。不过，我从每个人身上都或多或少学到了一些东西。

回想起那些给人留下美好印象的女性时，我发现她们身上有一个共同点，就是很有主见。我觉得，这点不只是对女性，对任何人来说都非常重要。理由很简单，若你没有主见，就会如"墙头草随风倒"般受人摆布。婚姻中亦是如此。女性如果没有主见地与他人结婚，凡事极易受丈夫的想法影响，很难活出自己的人生。在过去这也许没什么，但在当下这个时代，如果仍那样的话，不免有些可惜。

其实，年轻时的我也属于总是迎合别人的类型。记得20多岁时，有一次碰上几个陌生人聊天，注意到一位因不敢表达想法而显得犹豫畏缩的女生，我看着她莫名就觉得生气。"明明跟自己不相干，为何要动气呢？"我当时百思不得其解，后来回首时才明白：自己应该是无意识间将那个女生和自己相重合，对不敢畅所欲言的自己感到焦急，所以才会将愤怒投射到她的身上。

我小时候是个非常腼腆的人。因为父母工作调动，经常要搬家，每隔几年，一家人就会冷不丁地搬到人生地不熟的国外。等我回过神来，才发现自己早已进了一句话都听不懂的当地学校上学。后来，我慢慢地熟悉并掌握了陌生的语言，但更困难的，是要去理解那个国家人们的思维方式和行为习惯。

我在日本、德国、美国都生活过，发现不同国家的文化差异很大。在有的文化里，凡事百依百顺、不多言语的话就会受称赞；有的文化中，别人则会询问自己的意见。日本的学校在上体育课时规定穿统一的体操服，但美国的学校则相对自由，只要是方便活动身体的衣服就可以。有时，我感觉自己很平常地在走路，却会莫名遭到别人指责："走个路都像很了不起似的！"因为居住地、文化环境频繁变动，我越来越不明白究竟该去迎合谁，对自己的做法也没有自信，总是在意别人的目光，去寻找所谓的"正确答案"。

我从这些经历中学到，规则并非只有一种。面对坚信"这是理所当然"的人，我想说：任何规则，都是人创造出来的，是可以被人改变的。就像一个人，受成长环境的影响，在行走人生的过程中，会习得自己所遵循的规则，不过那些大多局限于狭窄视野。理由是，这个世界上有数不胜数的规则存在。

如果不想受这些外在因素影响，我们必须要有主见。用德语表达的话，就是要秉持"自己的哲学"。它意味着，自己要真正清楚对自己来说什么才是最重要的东西，并且有清晰的自我认知。不管遇到什么事情，要做什么决定，因为心中早有基准，行动起来就很轻松。不在意别人的眼光，就能体会到自由的快乐。在提倡多元化的当下时代，只要不给别人添麻烦，我们寻找到并保持自己的Style就好。

最后，我还想提醒大家，秉持主见固然重要，但也请不要忘记永远怀着一颗谦卑的心。倾听别人的言谈，是接触与了解未知的好机会。读书、学习也同样如此。我希望自己能够成为这样的人：经历丰富，拥有广阔的视野，对人和事物永远保有好奇心，秉持自己的想法，又能做到凡事不武断，随时能够灵活应对。这，就是我心目中理想的"Style"。

每天的菜单根据食材来定

清晨打开房门，我发现门口有时会放着几根带着绿叶子、沾着泥土的胡萝卜，有时是用报纸包的青芦笋、樱桃萝卜，有时甚至是满满一袋熟透了的红草莓，和刚折的月季花一同装在箱子里。

我起初格外惊讶，后来才知道，在鹿屋，很多人都爱自己种点菜养些花，所以常会将自家园子里的果蔬慷慨分给近邻们品尝。还有人特意从锦江湾对面的萨摩半岛给我寄过蔬果，寄前会专门跟我打声招呼："家里种的菜吃不完，给你寄一些吧？"每次我都不禁感慨：这片土地是多么富饶啊！

平时，我总爱去道之驿或农产品直销所购物，那里售有各种各样的当地食材；偶尔去大型超市时，都会逛逛产地直销专柜，同样能买到新鲜又实惠的应季果蔬。

出于这些情况，我的料理方式也跟着发生了变化。过去我住在东京时，每次做饭都是"菜单先行"。比如，今天打算做土豆炖肉，先决定菜单后再去购买食材，长年来都是同一模式。但搬回鹿屋后，每逢去买菜时，我都会先转一圈，瞅瞅柜台上摆有什么，看到新土豆时就会想："今天就买上几个做土豆炖肉吧！"现在，我已经习惯了这种看过食材后再考虑菜单的模式。

日本人的饮食一般遵循时令，因为时令食材既好吃又便宜，也能为身体补充各种必需的营养，而且市场上一般有售，所以用买到的食材就能做出富有季节气息的料理。

如今我在做饭时，比起凭空构思菜单，更多地会根据应季或现有的食材来定，明显感觉轻松了很多。比方说，收到别人送的南瓜时就熬南瓜汤，收到白身鱼时就想试试用黄油煎着吃，收到手工磨的豆腐时便会琢磨："豆腐最好是品尝原汁原味，要不就做道日式凉拌豆腐吧？但今晚天好像有点儿凉，还是炖成汤豆腐吧，能暖和身子。"

说实话，面对这种完全不同于东京时的丰富饮食生活，我心中时刻充满感激。

有滋有味的出汁用途多多

　　鹿儿岛土地肥沃富饶，周边临海，一年四季都能捕到美味的海鲜，因为畜牧业发达，肉类产品丰富，还盛产各种蔬菜、水果，加上地处本土最南端，农作物的收获季节远比其他地方早。就像我在写这篇文章时，正值2020年11月末，可昨天就收到了朋友寄来的露天种植的荷兰豆（一般情况下3月至5月才上市）！因为随时都能得到新鲜、便宜又富含营养的食材，所以自己做起料理来更开心，烹饪方法也简单了很多。

　　我现在常会自己动手用鱼骨或鸡架熬些出汁（日式高汤），然后分装入小袋，冷冻保存，既让人心情愉悦，也能直接拿来做其他料理。西餐像德式什锦汤（Eintopf）、黄油烩饭、奶油炖菜，日餐像杂烩粥、锅料理等，它们的汤底都可以用出汁来调。跟市面上卖的出汁料包相比，自家熬的出汁清淡鲜美，没有腥味，营养也更丰富，有说不完的优点。有些人可能觉得熬煮出汁比较费事，其实也没那么难。大家不妨先按我的做法（P99）多试几次，等下回说不定就能灵活利用家中食材做出"自我风"的美味出汁了。

出汁不用专门抽时间制作，可以趁在厨房里忙活其他事情时顺便做。出汁做好后，放些时蔬进去，炖成蔬菜汤，做着省事，味道醇厚，再搭配几片抹有黄油的裸麦面包，一顿美味又营养的饭菜轻松搞定！

鲜味十足的绝品鱼汤

先生的一位朋友在鹿儿岛当地经营着一家鱼店，可能是这个缘故，当我搬回鹿儿岛后，吃鱼的机会突然就多了起来。我在买鱼时常会看鱼的大小，个头小的话就整条买下来。剩下的鱼头、鱼骨扔掉的话很可惜，所以最近我常用它们来熬出汁或炖汤。文后（P99）介绍了鱼骨出汁的详细做法，大家感兴趣的话不妨试试。

鲷鱼之类的白身鱼腥味不大，很适合熬出汁。出汁做好后，通常会直接用掉，其实冷冻上一些的话，想用时也比较方便。比如，往出汁里放些生姜丝和酱油做成清汤，或者放点味噌做成味噌汤，味道都很不错。将香味蔬菜、应季的根块类蔬菜切成丁，和鱼骨出汁一同熬煮，德式什锦汤便做好了，配上裸麦面包，就是一道绝品料理。汤里的食材可以随时调整，春天时放点绿豌豆，夏天时放些西葫芦、秋葵，秋天时就放几朵蘑菇等。想让汤的味道更浓郁时可添些培根，其他像鹰嘴豆、腰豆、葱、西兰花等也都可以放。

如果有人喜欢香辛料，也可以往出汁里放些辣椒、红甜椒粉、蒜末，很能提味。出汁熬得太多用不完时，不妨掺些鱼肉、奶酪做成烩饭。当然，烩饭和洋葱、菠菜等蔬菜也很搭。另外，出汁还能用作锅物理、杂烩粥等日餐的汤底。总之，出汁的使用范围很广，搭配无限多，大家不妨多尝试一下。

鱼骨出汁

[材 料] 容易操作的分量

鲷鱼等白身鱼的鱼杂碎（鱼头、鱼骨、鱼皮等） … 1～2条
水 … 适量
酒（有的话） … 少许
※去腥用，白葡萄酒、清酒、烧酒等，任一种皆可
大葱 … 1根
洋葱 … 半个
芹菜（只放叶子也可以） … 半根
香草类（百里香、月桂叶、牛至、莳萝等） … 适量
※和鱼肉相宜的香味蔬菜（茴香叶、柠檬片、生姜等） … 均可

[做 法]

1 将鱼杂碎放入盆中，边浇沸水边翻动，确保整体浇匀，静
   置片刻，放凉后用水冲净。移入锅中，倒入少许酒和没过
   鱼杂碎的水，放入切段的香味蔬菜、香草，开大火煮沸。

※ 熬鱼骨出汁时，关键是要去除鱼腥味，尤其是鱼头里的
   黏液、鱼骨中的血筋等，要尽量处理干净。如果是大鱼，
   要记得清理骨髓。这些细节认真做好的话，味道会鲜美
   很多倍。

2 煮沸后，调成咕嘟咕嘟炖煮的火候（中火），继续煮
   40～60分钟，途中勤撇掉浮沫。出汁不急着用时，可以关
   火后放上一晚（夏季需放入冰箱）。

3 用滤筛过滤掉残渣。尝一下味道，淡的话可以再略煮收
   味，或是放些盐或酱油调整。

Eintopf（德式什锦汤）

[材 料] 容易操作的分量

鱼骨出汁 … 适量

洋葱 … 1个

胡萝卜、芹菜 … 各1根

土豆 … 1~2个

香菇 … 1~2朵

白萝卜 … 1小截（3~4厘米）

糯麦、麦片、扁豆、荞面仁（可根据个人口味调整） … 共20克

橄榄油（或黄油） … 适量

盐、胡椒粉、欧芹碎 … 各适量

裸麦面包 … 4枚

黄油 … 适量

[做 法]

1　洋葱、胡萝卜去皮，芹菜剔筋，均切成丁。香菇去柄，白
萝卜削皮，均切成1厘米见方的小块。土豆削皮，切成小
丁，放入水中浸泡片刻。

2　锅里淋入橄榄油烧热，放入切好的洋葱、胡萝卜、芹菜、
香菇、白萝卜，撒入一小撮盐翻炒。待蔬菜发软时，倒入
没过食材的出汁，根据个人口味可加点糯麦等谷物。

3　煮沸后转小火，咕嘟咕嘟继续炖20分钟左右，直至蔬菜彻
底变软。出锅前10分钟添入土豆，撒上盐、胡椒粉调味。

4　盛盘，撒上欧芹碎，搭配几片涂有黄油的裸麦面包食用。

素朴器皿深得我意

近段时间，我常用到一种椭圆形的盘子（P80）。盘子好像是二十多年前买的。当时我刚开始在家办料理教室，总爱去逛东京的各家杂货店，寻找自己喜欢的餐具、玻璃杯等。有几家店我经常光顾，其中一家是位于千驮谷的Sazaby League旗下的大型家居生活馆，椭圆形的盘子就是在那里买的。

盘子不贵，就像意大利乡间厨房里的日常餐具一样，质朴简约，椭圆形状，加上有点胖墩墩的，显得很有分量。奶油色的釉面上点缀着一个个手工画的小蓝点，每次看到时，我心里都有种说不出的喜欢。这套盘子有6个，我最初在挑选时可能是想拿来盛意大利面，具体记不大清了，可惜买回来后没怎么用过。但毕竟是自己喜欢的东西，一直舍不得扔掉，所以长期来都被我"深藏"在橱柜里。

但是，自从搬回鹿屋后，我每天差不多都会用到它们。盘子不大不小，适合盛放各种料理，像土豆炖肉、炸鸡排、烤蔬菜、腌西葫芦等。往餐桌正中间斜着摆上数枚同样的盘子，看着非常可爱，深得我意。

料理反复做更有趣

　　在鹿屋，别人常会慷慨地赠送给我们各种各样的食材，除了蔬菜、水果，还有不少稀见的东西。就像前几天，我竟然分到了些处理得干干净净的野猪肉！每天把打高尔夫当成日课的先生在回家的途中，也会顺便帮我去买菜。住在东京时，我很少料理囫囵个儿的鱼，回到鹿屋后却成了司空见惯的事情。

　　因为总会收到自己以前没怎么碰过的食材，所以我现在做的料理也跟着发生了变化。比如，收到有机大米后，家里吃米饭的次数明显增多。主食变为米饭后，我自然就倾向于做日本料理。特别是今年冬天，我已经做了好几次日式炖菜，结果发现越做越好吃。

　　说到日式炖菜，我之前都是一板一眼地照着婆婆教的方法去做。但做了很多次后，慢慢就掌握了调味的诀窍，开始尝试放各种各样的食材，比如樱岛萝卜，或是用萨摩鱼饼代替出汁……总之，等反复做到味道令自己也觉得满意时，我就想换其他的食材来试试。

另外，竹荚鱼干在鹿屋很常见，放入锅里略微一煮就能熬出味道鲜美的出汁。在重复做的过程中，我渐渐记住了酱油、砂糖的配比，估摸着就能调出很不错的味道，省去了称量的麻烦。等做到这般娴熟后，再看到有关炖菜的新菜谱时，只需学习一下里面的食材搭配，然后按自己的方法做就好了。不用拼命学习食谱也不用费劲研究就能制作料理时，压力自然减半。总之，最重要的就是反复去做，待熟练掌握做法以后，我们好像就能突然进入"创意料理"的天地。到那时，之前不得不做的"厨房杂务"也会变身为"有意思的料理游戏"。

德国人在聊天时很爱用谚语，我的外祖父也常会说："Uebung macht den Meister。"直译的意思就是："练习成就大师。"我感觉，这句话不管放到哪儿都适用。无论做什么事情，只要坚持下去，慢慢就能掌握诀窍，并从中体会到喜悦。如果我每天做的料理也能在一点点的变化中渐臻成熟，我会感到很开心。

最近，别人给我介绍了一家好吃的豆腐店，所以我对豆腐的喜爱远胜以前。过去住在东京时，我只能吃到超市里卖的寻常豆腐，说实话，味道一般，谈不上喜恶。但在鹿屋的豆腐店里，若恰巧赶上好时机，就能买到残留着余温、柔软到快要塌下来，并散发着一缕缕大豆香气的鲜美豆腐。现在，我的身边充斥着新鲜优质的食材，做起料理来也简单了许多，饮食生活也开始更加注重享受食材本身的味道。

4章

开心度日的生活良方

日日舒心：
从容迎接今后的生活

互联网时代坚持订阅报纸

　　在被纷繁杂乱的信息包围的时代，如何在获取必要信息的同时自觉避开多余噪音的干扰，我想这应该是人人都会面临的一个课题。我一听到大音量或看到闪烁的屏幕就容易分心，所以常会提醒自己不要被手机、电脑上的信息弄得太疲劳。

　　关于日常里的新闻，我都是通过浏览长年订阅的《日本时报》(*The Japan Times*)和《纽约时报》(*The New York Times*)这两家报纸来了解的。住在东京时，我爱携着报纸去咖啡馆坐上片刻，边喝咖啡边浏览。如今回到鹿屋后，我喜欢坐在阳台上按自己的节奏慢慢读。

　　略微遗憾的是，受疫情影响，《日本时报》在部分地区无法上门配送，鹿儿岛也正好在列，因此现在这份报纸每天都要从东京邮寄过来。所谓的"新闻"要迟4天才能拿到手上，虽然已是"明日黄花"，但也没办法。好在，我每天都能通过电视了解社会上的最新动向，读报时主要就是看些详细的调查报道、社论、文化版面等，这正是读报的最大乐趣。

　　新闻通过读报而不是刷手机来了解的好处之一就是，一些自己本来不感兴趣的新闻标题也会闯入眼帘。它们常常让我意识到：在这个世界上，有很多和自己不同并会思考各种各样事情的人。而读英文报纸总令人受益的是，由于它的发布主体不是日本或日本人，刊载有不少外国记者撰写的报道，所以我能够读到站在其他角度来看问题的内容。对于某件事，不同立场的人所持的态度、想法往往大相径庭，这点让人感觉很有意思。

不受外界嘈杂信息的干扰

　　网络、社交媒体是很便利的工具，能把我们和远方的家人或朋友紧紧维系在一起，可一旦过于投入的话，做起其他事情来就很难集中注意力。因此，我常提醒自己，若非必要就不去频繁点击刷新。我很少关注网络消息，也尽量不订阅Newsletter（新闻邮件）。在我看来，网络顶多就是一种检索手段，就像去图书馆或用百科辞典查询信息一样，有想了解的东西时就上网查一下。我平时常会用到维基百科（Wikipedia），它帮了自己不少忙，所以每月我都会给它捐些薄款表示谢意。

　　信息能够免费浏览时，我们自然很开心，但这时总避不开让人眼花缭乱的广告。依我来看，如果真的是对自己很重要的信息，就有必要花些钱去购买。我自己付费注册了日本的10MTV（十分钟讲座）、美国的Master Class（大师讲堂）这两个网络教育平台，定期收看里面发布的视频。音乐的话，我每年都会加入JAZZRADIO.com（美国音乐平台）的会员，吃晚饭时常会收听喜欢的曲目。这几个平台的费用确实有点高，但没有夹杂任何广告，我每次使用时都感觉很心静。平时去文化中心听场讲座也要花这么多钱，就把付费消遣当作自己购买的一票，重要的是取悦了自己。

最近经朋友推荐，我第一次登录Instagram（日本年轻人常用的社交平台），看到每次照片上传后，提示信息就会立即推送给很多人，不由得略感压力。这就犹如擅自闯入他人宝贵的时间地盘一样，让人深觉不安。比起这种即时平台，长年来细水长流般运营着的网站日记似乎更合自己的节奏。想看的人在想看的时候可以自行点击浏览，我也不会去特意提醒。我觉得，这种方式相对舒服一些，把主导权留给阅览者，而非书写者。但是我写日记相当随意，每周尽量更新一次，日常插曲比较多时就上传得勤一点。彼此不互相打扰，能够悠闲地和大家保持联系，我就很知足了。

无论怎么做，关键是不能被信息牵着鼻子走。信息并非"多多益善"，直到今天，报纸对我来说仍是最可靠的信息源。由报纸扩展开来，还能接触到很多其他信息。比如，报纸上介绍了某本书，我对内容感兴趣的话，就上网查查作者的简介，顺便买一本来看看；有时还能了解到一些之前没怎么听说过的艺术家、音乐家；如果有关于海外杂志的介绍，我就上网检索一下杂志，深入地读一读。一言以蔽之，我一直都在坚持把报纸、网络活用为拓宽视野的重要信息源。

抛掉察言观色，随心所欲畅谈

我和先生打结婚以来，到今年步入了第26个年头。夫妇间的相处模式可以说有多少对夫妇就有多少种。我们俩能够相伴着走到今天，我觉得很重要的一个原因就是——彼此能够敞开心扉坦诚交流。

在日本，大部分人认为，理想的夫妇无须言语便能对彼此心领神会。我对此很难表示认同。先生在想些什么，我当然会去努力揣摩，可是没办法确认究竟正确不正确。借助想象力去互相体贴关怀固然重要，但若碰上紧要事情却仍懒得用语言去沟通的话，就很容易引起误解。

两个人明明成长于同一文化圈中，可为什么做不到凡事心有灵犀呢？我想原因就在于，彼此缺乏语言交流，渐渐积累了很多不易被察觉的误解或误会。比方说，数天前俩人在闲聊时，提到某个东西，我随便说了句"很不错"，结果先生竟认为我是在委婉表示想要那个东西，但我其实并无此意，所以当时整个人无比惊讶！……在那之后，我就时刻注意自己的措辞，有时因为习惯问题顺嘴说出来后，我会及时张口去解释，尽量避免误会。

根据文化人类学家爱德华·霍尔（Edward T. Hall）的研究，日本人的交流属于"高情境文化"（High-context culture），所以其前提多是彼此都认为理所当然的事情或是持有某种共通理解，用少数几个词语就能互晓彼意，读懂弦外之音。这种认识在战前的日本也许行得通，而在如今多元化的社会中，因为环境信息变得异常复杂，我觉得有必要多去使用语言表达清楚。

住在东京时，我和先生就习惯周末一块儿散步。德国人很喜欢散步，不分春夏秋冬，总会约上家人或朋友一起出去走走。我记得住在德国外祖父家时，吃过饭后，全家人都会换上方便行走的鞋子，到附近的森林或河边散步，常常都是边走边聊。

不只是和先生，我有时还会和朋友一起散步。边走边聊有什么好处呢？跟在咖啡馆等室内空间相对坐着聊天不同，散步时彼此大都面朝前方。我感觉，说话时如果一直盯着对方的脸，就会跟着注意自己的表情和措辞，有些话在说出口前通常会先斟酌一下。而当面朝前方时，因为不用去在意对方的表情，心里的想法很自然地就会脱口而出。和朋友一起去了哪儿，让自己生气的事，最近各自读了哪些书等，虽然都是些稀松平常的话题，但不停说下去的话，就能多少了解到彼此平日里都在思考些什么，或是重新认识各自的喜怒好恶。

另外，我和先生都会留出独处或是和各自的朋友相处的时间。母亲经常说："too much togetherness"（一体感太强）。两个人不管关系再要好，总黏在一块儿未必是好事，比如会渐渐地感觉无趣、拘束，聊天也总陷入老一套，所以说，保持刚刚好的距离感格外重要。彼此若能去做各自想做的事，去见各自想见的人，心灵得到一定的满足后，再待在一起时，就能互相关怀体贴，也可以就新话题聊上很久。

人的一生中，能够携手扶持着走到最后一刻的只有夫妇而已，所以彼此才更想去珍惜、呵护。然而，即便做了长年的夫妇，丈夫终究还是独立于自己的他人。哪怕长期共处一室，也难免有无法互相理解的时候。要想维持良好的关系，经常打开心扉多去交流，自己能做到的就尽量去协助，这才是最理想的相处方式吧。

虽不能见，心却相连

自打我搬回鹿屋，因受疫情影响，无法轻易和别人见面的日子一天天持续着。好在淑子姐和姐夫就住在邻院，两家仍能像往日里一样自由串门拜访。不过，人毕竟容易恋群，偶尔也想和其他人会会面。当我很想联系朋友或家人时，手机、电脑便成了我的"大救星"。

我和朋友建了几个LINE群（类似微信群），常会在里面闲聊。有时朋友会教我几道美食的做法，有时我也会上传照片跟大家分享。除此之外，我还有一个读书会的成员群。住在东京时，我们就经常在群里互荐好书，隔上数月还会聚在一起吃午餐，边吃边聊书里的内容。现在虽然没法碰面，但线上介绍书、线下互寄书籍的做法跟过去并没什么变化。有机会的话，我很想试着办一场在线读书交流会。

我和家人的日常联系主要靠发邮件，而且都是采用抄送，这样的话，每次发出去后全家人都可以收到。前几天，父亲发来一封邮件："今天是你们外祖父的生日，如果他老人家健在的话，就是115岁高寿了呢！"妹妹看到后随即发来了一张摆在自己房间里的外祖父母的照片，母亲也分享了一些我们所不知道的有关外祖父的回忆文字。当目睹这些时，我很感动。如果大家每天面对面待在一起，也许就不会发生这温情的一幕，而发邮件时，彼此不用太在意，情感可自由抒发。

除了邮件联系外，我还会抽时间去和每个人单独沟通。每周我都坚持给父亲打一两次电话，每次聊半小时左右。因为住得远，我会留意多找些机会聊天，感觉这样也很好。只要能听听声音，我就能猜想出父亲的心情或身体状况。相反，我和母亲则经常用邮件交流，事情紧急时就打视频电话。现在大部分人都有邮箱、手机，联系特别顺畅，几乎让人感觉不到鹿儿岛和东京的距离。我甚至跟住在德国的妹妹约着在网上一块儿散步。隔着手机屏幕，我似乎能感受到富兰克林惹人怀念的风景、辽阔的天空，还有温柔吹拂的风，就像真的和妹妹待在一起一样。科技的力量真是了不起！

不过，越是在这种特殊时期，越有喜欢写信问候的友人。前天，我就收到了一位友人亲自用钢笔写在CRANE（美国文具品牌）信笺上的问候信。碰到类似情况时，我一般不会着急发邮件答复，而是会精心挑选一张明信片，略补数语或同样简书一封回寄过去。普通邮递需要费点工夫，但和网络社交平台随时都得赶快回复的无声压力相比，有意花些时间来沟通心灵，能够让人体味到一丝从容和温情。我时不时还会给住在德国的已故外祖父的女朋友寄明信片。当发现邮箱里躺着封手写的问候信时，我想，不管是谁，在看到的一瞬间，内心都会涌出惊喜。

跟父母的相处建议分开应对

我曾认为，跟父母见面时，两个人一起见很正常，甚至隐约想过，全家人能够同时相聚的话会更好。但是，和父母出了几趟门后，我发现每次都感到心累，后来才意识到原因：当我坐在父母中间喝着红酒时，分坐两旁的父母会各自跟我聊不同的话题，宛若"左右夹击"，让人有点招架不住。

虽说是父母、家人，未必时刻都会有共同的话题，不一定都喜欢某件事。两个人在做我的父母之前，都是独立的"个人"。父亲和母亲在迥然有别的环境中长大，作为夫妇一直都相处得很融洽，但细想的话，俩人的性格和爱好其实完全不同。等我明白这一点后，再想跟父母见面时，就各自分开邀约。

父亲很喜欢跟人唠嗑，爱去人声鼎沸的商业街闲逛，还好喝点小酒。他自幼生活在日本桥附近的下町一带，我很爱听父亲讲他住在日本桥时的往事。父亲的老家经营丝绸批发，包括帮工伙计在内，身边总是很热闹，说是从自家后院里还听到过艺伎练习三昧线的乐声。鉴于此，我常常会邀他一起去上班族的"圣地"——新桥一带的老居酒屋里坐坐。

两个人到居酒屋后，先要一瓶啤酒，夏天的话配一碟煮毛豆或山葵蘸鱼糕，冬天时就要一盘剁得碎碎的竹荚鱼刺身，再点一壶温热的清酒。看到父亲对着上年纪的店员亲切地喊着"大姐"时，我就不由得想：父亲好像真的很熟悉这家店，有种宾至如归的感觉。

我还喜欢和父亲一起去残留着往昔风貌的神田、有乐町一带闲逛，每次置身其中时，就仿佛穿越到了昭和时代，任凭怀旧的时光静静流淌。我和父亲常会聊我的工作、父亲的家人或朋友、下町旧事等。我从重视人情缘分的父亲身上学到了很多。

而我与母亲相处时，常会去逛各种展会，从数年前起母女俩便管这天叫作"文化日"。难得住在展会不断的东京，但意外发现错过了不少有意思的活动，所以两个人便商量："如果有想看的展会，就一起去逛逛吧！"我和母亲有时会去根津美术馆看展，有时会往某处漂亮的庭园赏花，或是去听场音乐会。

偶尔购物想找个人帮忙出主意时，两个人也会约着一起去。逛累的话，我们就会进某家时尚的咖啡馆吃顿午餐，坐在露天席位上喝杯茶。这时候最开心的仍是聊天，而且聊的也都是往事。像母亲初到日本时的印象，战后德国的情况，老年生活如何过得充实，外祖父说的那些富含哲理的话等，都是对自己今后的人生有益的内容。

总之，我们在和父母相处时，最重要的是尊重他们的个人身份，不能觉得是父母、是家人就可以敷衍，而应该将其作为独立的"个人"去对待。如此一来，哪怕是亲子之间，彼此也能够互相体谅，从而享受愉快、成熟的亲情交往。

独处时光，治愈心灵

　　我喜欢和朋友、家人待在一起，也喜欢享受"独处时光"。疫情蔓延时，我把家搬回了鹿屋，直到现在也没法重开料理教室，空闲时间一下子变得格外充足。平日里的早晨，一个人边喝咖啡边浏览报纸，晚饭后就翻开书读上片刻。以前每次觉得累时，我就忍不住在心里念叨："好想休息啊……"而此时此刻，自己的心情也仿佛跟着闲下来的时光从容了许多。

　　既然难得空暇和闲情，不如过得更有意义些。我首先想到的便是整理新家。趁这次搬家，所有物品都聚在了一起，非常方便整理。每天我都会转着瞅瞅比较在意的地方，看看哪些需要处理，或者下点功夫改造改造，内心便会涌出小小的成就感。不过我并不着急，毕竟这些"小工程"在今后的生涯中会一直持续。

　　我还想挑战一下园艺。这次趁搬家整理东京公寓里的书架时，连自己都感到吃惊的是：明明东京的家里没有院子，竟然有很多跟园艺相关的书！我兀自笑了起来。看来自己对园艺是相当憧憬吧。因为不知该从何做起，所以自己便会勤翻书，观摩漂亮的庭园照片，有时还会看修剪草坪的视频……如今，我搬回了带有院子的鹿儿岛新家，想象着不久后的庭园图景，心中满是期待。

前段日子，我在院子里栽了一棵紫丁香树。回德国参加外祖父的葬礼时，当地到处盛开着这种花，对我来说它承载着满满的回忆。紫丁香树本来属于寒冷地带的树种，近年来培育出了适合温暖地带生长的改良品种，我便买了一棵种种看。

提起园艺，我也很想自己动手种植蔬菜。今年先种了些容易养活的樱桃萝卜、胡萝卜、土豆。刚开始就种不好的话会很受打击，所以我尽量从应该不会失败的蔬菜着手。但我又一直不敢放开手脚去做，因为不好意思被种菜经验丰富的淑子姐或先生看到。坦白地说，我在做事情时不太愿意被别人看见，一个人悄悄地做，失败的话就暗自吸取教训，继续努力，但这个理由实在让人难以张口。不过，难得身边有"老师"在，凡有不明白的地方，我都尽可能去请教。空闲时，我会往院子里走走，观察一下四季或一日中的光照变化，往往也会有不少新发现。

"独处时光"的魅力就在于，一切都可以自主决定。和别人待在一起时，哪怕是至亲的家人，也不敢保证每个人都能顺着自己的想法走。即使和谁聊天或商量事情时，也必然会有一方掌握主导权，有时自己得学着去附和，有时想按自己的想法去做时就要积极主张，意外地需要费些"脑细胞"。但独处的话，想读书时，不管什么书，倒着读也行，不看字只盯着画看也没关系，刚翻开一页就觉得没意思时可以随手换本其他的书来看，不用特意跟谁说，也没有人来评论。独处时光，就是治愈心灵、闲适自由的惬意时光。

善用语言交流

人在有些时候真是很奇怪，明明身边有脾性相投的朋友或爱自己的家人，但偶尔仍会突然伤感，心情如坠深渊。年轻时，每当碰到这种情况，我要么是责备自己，要么是找人来消消气，或者干脆埋怨时机不对。浑然不觉间，悲伤演化为愤怒，到头来自己把自己折磨得筋疲力尽。

不过，今天的我不再像以前那般幼稚。不去过多考虑，伤心时就痛痛快快哭一场。即便泪水肆流、心情低落，也不去过激反应，耐心等待一阵，悲伤、后悔的情绪就会撇下自己悄然离去。谁都有情绪无法抑制的时候，好在那些都是一时的。任何情绪都不会一直萦绕在心中，最终都会随着流淌的时间而消失殆尽。

平时遇到自己想发火时，我也会在心中默念："我可不愿意在这上面白白耗费精力。"忍住怒气，任其流走，算是自己长年来习得的一个诀窍吧。有些人偶尔在看到别人犯点小错时就会暴跳如雷，但发怒不仅于事无补，还会让对方愈加畏缩。换作我的话，我可能就会揣测："咦，他也许是不知道哪个情况吧？"接着自然会想："既然这样，那就没办法了。"最后就会选择原谅对方。只需忍耐5秒，怒气便烟消云散。

不过，当确实有理由生气时，我觉得不妨直接说出自己的意见。日本一向推崇感情不轻易示人的隐忍文化，德国则不同，不刻意隐藏愤怒、悲伤等情绪反倒会被认为有人情味儿。特别是在长期相处的家人或有多年交情的朋友面前，率真表露感情格外重要。彼此的感情在互相碰撞后被接纳，也是一种交流方式。

日本的关怀文化过度发展，导致有些人总认为，即便自己的感情不怎么流露，对方也应该能觉察得到。这种情况可以借用"不说为妙"这个词来形容吧。在西欧，也会碰到"沉默是金"的场合。但通常来说，假如自己一声不吭，却因对方一时没明白过来而绷着脸闹不快的话，就会被认为有点孩子气。小孩子的话尚情有可原，因为自己想怎么做，为什么想要某样东西，可能连他本人都弄不清楚，所以更无法准确传达给别人。与之相比，成熟大人的表现，就是要明确用语言去表达自己的想法，也就是说，要学会用语言去对话。不过，这点兴许是很多日本人都不擅长的，包括我在内。

但是，大家有没有觉得，在思考方式以及生活方式呈现多元化的当下，许多事情如果不用语言去表达就很难弄明白？对于不习惯交流的人来说，可能会觉得很难。但反过来想，多元化也意味着我们每个人都是自由的，所以才更要把内心的想法通过语言去明确传达给对方。我想，这将会是今后人生中所需的一项重要技能。

创造点滴乐趣，每天都有好心情

　　疫情防控时期，为预防感染，外出机会减少，居家时间骤增。我喜欢待在家里，但每天的生活总是一成不变的话，大家会不会跟我一样，也会觉得有点儿无聊呢？为了让日常生活张弛有度，我便试着创造了些乐趣。

　　比方说，周六晚上我会特意腾出时间来看电视剧《寅次郎的故事》。每集情节大致类似，都是以寅次郎和某位漂亮的女主角邂逅为始、以寅次郎被甩为结局，尽管遗憾，但说不定这正是让观众能够放心去享受剧中欢乐的秘诀。剧中所展现的优美地方风光，流露着浓浓人情味的昭和风物和家庭，体贴善良的阿樱，都深深吸引着观众，令人百看不厌。我和先生两个人常常边看边跟着剧中人一起哭一起笑，每次都看得很过瘾。

　　先生从不喝酒，但喜欢吃甜食。早餐他一般是泡壶浓茶搭配甜点一起吃，这种饮食习惯好像是在老家时养成的。每次出门旅行时，他也常会在住宿的酒店餐厅里点烤薄饼（Pancake）

或华夫饼。眼下不能外出旅游，但周末来兴致时，两个人会在家里享受一顿Pancake Breakfast（烤薄饼早餐）。我早上起床后一般都不怎么有精神，所以前一天晚上我就称好各种材料，把要用到的盘子、马克杯也一并从餐柜里拿出来，第二天一早哪怕睡眼惺忪也不碍事，把准备好的材料简单搅拌一下后，用平底锅烤熟便可装盘。我做烤薄饼时，先生就帮忙冲咖啡。烤薄饼的味道每次都差不多，为了变点花样，我有时会把用来蘸着吃的枫糖浆换成蜂蜜，或是搭些水果，自由享受各种风味。

　　和"甜食派"先生相对的是，我总喜欢在晚上喝点啤酒。先生因为不喝酒，所以不怎么爱去居酒屋之类的地方吃饭，但偶尔为了讨我开心，会主动带我去鹿屋当地的居酒屋"黑千代香"小坐。这家居酒屋卖的关东煮也小有名气。各种各样的食材，如白萝卜、昆布等，用酱油味的汤汁煮得软软的，味道格外不错，用甜味噌酱煮的猪软骨、五花猪肉块也是店里的招牌。我喝啤酒时最多喝两杯，边喝边挑选对口味的关东煮，每次都能吃得心满意足。为了配合不喜没事儿干耗的先生，每次我俩在店里待不到一小时便会离开。但对我来说，这短暂的时间仍是至上的幸福时刻。

5章

今后的生活由自己做主

日日舒心：
从容迎接今后的生活

打造一个疗愈心灵的料理场所

　　我现在54岁，暗想接下来至少十年内应该会跟现在一样有精神。我不擅长做计划，不过，若能将至今为止顺其自然积攒的各种经验，以一种全新的形式在鹿屋展现出来，就再幸福不过了。

　　关于性格，心理学界好像一直存在"nature vs nurture"（天生禀赋vs后天培养）的讨论。据讨论来看，人的性格一半是天生的，一半是由后天的成长环境决定的。我不清楚自己天生的性格究竟是什么样子，但由于父母的工作频繁调动，每隔数年就会搬一次家，比起做计划，我得先去努力适应陌生的新环境。正因如此，说不上是好还是坏，我便成了一个没有什么计划性的普通人。

　　不过，常搬家也有个好处，就是让我变得更加善于观察。不管身处什么样的环境，我都有信心融入其中，最终和不同地方的人都建立起了联系，也找到了自己的安身之处。我刚搬回鹿屋时，有人很惊讶："真服你，竟有勇气从东京搬到那种乡下地方？"对我来说，这并没有什么不可思议的。先生的老家在鹿屋，我把这里当作新的生活据点再正常不过。我还隐隐约约察觉到，住在这里说不准还是冥冥之中的缘分，或者说是命中注定。

我在三十多年前，也就是二十出头的时候，办过一家叫Cooking Holidays（料理假日）的公司，创立动机源于我在英国蓝带烹饪艺术学校时和朋友一起去意大利游玩的毕业旅行。那次旅行可谓实打实的Cooking Holidays，以英国人为主的二十人团队整整一周都借宿在意大利乡间的民家里，品尝并体验制作当地的乡土料理。清晨吃过早餐后，一大群人便去集市上采购食材，回来后就跟着厨师一起学做午餐，然后围坐在庭院里的桌旁享用。由于参加人员都属于"好食家"，所以即便是初次见面也聊得很投机，那段时光无比欢乐。此外，还有和比萨高手一起烤比萨、去葡萄酒酿酒厂参观等活动。我很想把这种风格的旅行介绍给日本人，便办起了寻访美食的旅游公司。

然而，这类旅行在当时很稀见，大家不太了解，加上每期参加人数有限，所以费用变得相当昂贵。不过，多亏众多热心人士的鼎力协助，公司前后策划并顺利完成了意大利、德国、中国香港、泰国的Cooking Holidays之旅。但因公司财务频频告急、入不敷出，我中途只好放弃了。之后，我就在家中办起了料理教室，因为有大家的支持，幸运地一直做到了现在。

今天我才意识到，其实不用特意从日本跑到海外去寻味美食。邀请住在大城市里的人来鹿屋，一起去农户家里转转，拜访拜访各种各样的生产者，采购食材，然后大家一起动手做、一同品尝，不也是一种Cooking Holidays吗？我要是能把它化为现实就好了……

既然建了举办料理教室的场地（下文提到的多仁亚厨房），今后我就打算花上十年时间，把这个计划一步步纳入正轨。我希望更多的人能来坐坐，在这里度过一段愉快的时光，那将是我莫大的荣幸。当地人自然热烈欢迎，同时我也很期待在东京结识的学生们能够抽空来玩。借助料理，大家欢聚一堂，疗愈心灵，说说聊聊，交流一下各自的人生经验，开拓彼此的视野。如果这里能成为一个大家互相陪伴、鼓励的场所，并让每个人都能真心觉得"各种各样的人聚在一起，人生很有意思"，我会由衷感到喜悦。

多仁亚厨房，从舒适空间起步

十多年前，我们在鹿屋自家宅地上盖了一座用来举办料理教室的房子，取名为"多仁亚厨房"。宅地原来是先生的老家，先生的父母去世后，淑子姐仍每天回老家祭扫佛龛。每逢办法事、过盂兰盆节时，大家也都会回老家团聚。可以说，老家承载着一家人美好的回忆。我们很想改造一番继续使用，但因为老旧的木质建筑不易维护，只好满怀着遗憾拆掉了。

在盖新房子的时候，我首先考虑的是打算用它来做什么。除了举办料理教室，我也想让一家人能像从前那样聚在里面捣年糕、蒸团子。还有，过世的婆婆留下了很多厨房用具，像摆年糕的长木箱、捣年糕机等，我也想把它们继续放在新房子里。

最终，我们盖了一座光照充足、两厅一厨一体化的房子，它融合了东京公寓里餐厅、客厅相连以及鹿屋家中岛式厨房两种样式。为了方便开办料理教室，我把内装设计成了略带时尚

气息，又显整洁利落的德国风。对房子而言，关键是要方便打
扫，轻松就能维持清洁，当很多学生一同登门时能够确保每个
人可以随意活动。东京公寓里用过的沙发、椅子、边桌，还有
婆婆厨房里的柜子，都被我摆在了客厅里。只有餐桌是根据室
内空间重新订制的，我特意选了八个人同时坐下来也宽绰有余
的尺寸。

另外，考虑到房间的舒适度，我还给新房子装了地暖。加
之，房子的采光条件本来就很好，寒冬时节让人感觉很暖和。
当然，夏天用的制冷空调也是少不了的。不过，房间宽敞，各
个方位都留有窗户，通风效果很棒，根本不用担心暑热。

多仁亚厨房于2019年落成后，我们随即举办了竣工庆典。
2020年2月，鹿儿岛的料理教室在这里正式开张，办了四回
后，碰上突发疫情，只好暂时关门歇业。等到大家能够再次放
心聚会聚餐后，我便打算重新启动料理教室。在那之前，我就
好好利用空出来的时间，考虑一下庭院布置，争取早日打造出
一处漂亮的Kitchen Garden（厨房花园）。

淑子姐教我在鹿屋生活

　　举办料理教室时，一个人的话无论如何都忙不过来，这时我常会请淑子姐过来帮忙做我的料理助手。幸运的是，淑子姐有一手很棒的厨艺，喜欢布置房间，也爱搜集古董，和我有不少相似的地方，所以两个人很聊得来。而且，淑子姐和我都是同一个属相，只不过比我大一轮。

　　可能是出于这些巧合吧，我发现很多时候，当我自顾自地说这说那时，淑子姐也从未嫌弃过，总是不急不躁地随声附和，耐心听我絮叨。不管面对什么人，我都爱和对方聊天，通过这种方式，既可以让别人认识我，我也能去了解别人，所以通常凡是想到什么都会毫无遮拦地说出来（但愿没有给大家添麻烦……）对此，每个人或许有各自的看法，但我仍想尽自己最大的努力去交流。

　　在日本料理的制作上，淑子姐堪称我最好的老师。在与家人的相处方式上，或赶上鹿儿岛的过节习俗时，淑子姐也总会给我做示范。另外，关于鹿儿岛当地人的思维方式，若遇到我弄不明白的隐晦含义时，淑子姐也都会及时指点，使我屡屡受益。

除了这些，淑子姐还是我的农活老师。她的农地就在多仁亚厨房的大窗户外面，配合着料理教室的启动，为了让闲着的土地看起来更有生机，淑子姐特意帮忙种了些花草果蔬。庭院的布局一般从数月前起就得构思，边预测各种情况边打理委实不易，光是想想就让人头疼。不过，今后我要多向淑子姐请教，一点点积累，并坚持下去，有朝一日，也许就能像淑子姐那样耕出满意的农地来。期待和梦想悄悄在膨胀。

疫情下体会到的寻常喜悦

2020年这一年，因新冠疫情变得不同寻常。在无法自由活动的日子中，我也有不少意外的新发现。

病毒感染扩大后的半年时间里，我注意到周围很少有人患感冒。跟母亲聊起来时，我说："看来勤洗手、常漱口挺管用，连感冒都不容易得了呢。"谁知母亲却回道："那也算一方面吧，不过更重要的是，大家终于能够好好休息了。"确实如此，日本人的生活节奏紧张，常会竭尽全力投身于眼前要做的事。虽然不是说要得到谁的认可或赏识，但我感觉自己这几十年也是抱着这种态度走过来的。很多人甚至心疼睡觉的时间，工作后就去玩，玩完就继续工作。电视上那些宣传感冒药、能量饮料的广告，很容易给大家灌输一种"忙碌第一，休息次要"的理念。

与之相比，在母亲的出生地德国，人们的日常生活节奏向来都是从容不迫的。大家不会像日本人那样动不动就加班，外出工作的父母每天也都会准时回家，和家人一同围着餐桌吃晚餐。有时全家人还会特意凑时间一起外出度长假。我每年都会患重感冒，但今年安然度过。总是勉强自己去拼命工作并非好事，也没有多大的意义。今后我也会尽量有意识地区分休息和工作的时间，争取做到劳逸结合。

还有一点，我重新体会到，疫情前的日子有多么自由。如今，在喜欢的时间里去喜欢的地方听起来宛若谎言。母亲因思念故乡，很想回一趟德国，可是又担心出了日本后就不知道什么时候才能返回，所以一直都在忍着。看来，我们总认为理所当然的自由也不一定能够永远持续。哪怕是此时此刻，在有些国家，人们的自由流动仍然在受着限制。

不过，这场疫情又让我不禁思考：每天东跑西跑是否就幸福呢？退掉东京的公寓，搬回到鹿儿岛后，我待在家里的时间远远多于之前。细想的话，过去人们一辈子都是待在同一个地方，生活的场所就是一个社区，正因行动范围有限，所以人们才能集中精力专注眼前事。

我恍然间意识到，自己不再总梦想着去远方探求所谓的幸福，而能够开始将目光投向近在咫尺的幸福。坐在阳台上悠闲品茶时的惬意时光；到院子里转转，察觉到一朵昨天仍是花苞而今晨悄然绽放的花朵时，内心涌起的小小喜悦……跟在东京时相比，我发现如今的自己更有耐心关注这些细微的事情。

　　等疫情结束后，想去很多很多地方走走看看的心情也许仍然不变。但是，在今后的旅行中，自己说不定要比以前更能体会到欢喜、愉悦，因为我已经明白，那些看似寻常的事情其实并不平凡。

选择自己想要的生活

　　回首一路走来的人生旅途，仿佛是刹那之间的事。我想起来，在自己年少时，大人们总对我说："一辈子很快就会过去的，抓紧时间做你想做的事。"这句话到现在我才真正领悟，因为不去体验的话根本无法弄明白。从成年到而立，再到不惑，每个年龄段虽然都只是在忙着应对日日生活，但自我感觉每天都过得很充实，还算满意。不过要说没有后悔的话就是撒谎。我偶尔也忍不住想，如果当时要了孩子的话，自己的人生又会是什么样呢？但再想也没什么用，过去的事任凭谁都无法改变。好在通过料理工作，我结识了很多年轻人，有她们陪在身边，听听大家聊各种各样的事，也让人感到幸福。

　　进入伦敦蓝带烹饪艺术学校学习料理，可以说是我的人生转折点。大学毕业后，我入职了一家证券公司，可是工作内容怎么都喜欢不起来，每天上班都觉得很痛苦，可自己一直没勇气去改变，白白蹉跎了大把岁月。后来，我陪先生去伦敦留学，因闲来无事，便去蓝带学校报名上起了料理课，没想到后来的人生道路竟因此而改变。也许是牢固掌握了料理基础，所以自己才会生发一些自信吧。看来，不管是在什么领域，学习都很重要。从英国回到日本后，我便开始做起了跟料理有关的工作，并进一步延伸到生活方式领域，一路摸索着走到了今天。如今的人生图景放在当初根本预料不到，也不是说有什么明确的计划，但每次回首时，我都觉得自己做出了很不错的选择。

人生之路对每个人来说都是头一遭。中途每遇一个路口，都只能自己去独立思考，一次又一次地决断。正是在许许多多诸如此类的抉择中，人生才一点点逐渐塑形。当自我认可自己选择的道路时，才会由衷体会到幸福和喜悦。是选择无所事事、随波逐流，还是愿意尝试开始某件事并去努力，全都要看那个人自身。在今后的人生里，我也不想让自己后悔，选择权随时掌握在自己手中。

活出自己的幸福人生

"人生100年"时代，这个放在以前连想都不敢想的漫长岁月听起来就像做梦。我和母亲在聊天时，也常常会讨论如何才能心平气和地度过这一生。

母亲凡事乐观，很早以前就认为，自己的父母、祖父母都活了很大岁数，自己应该同样会长寿。所以不管干什么，母亲都很积极，她常会说："离90岁还有好几十年呢！"她在改装和父亲同住的公寓时，每个细节都是自己主动和专业人员商洽的。住了快二十年后，最近她又开始琢磨着为房间换换模样。母亲的解释是，这样做并不单是为了让同样上年纪的父亲和自己住着更方便，而是今后待在家里的时间应该会越来越多，所以想把家收拾得更满意、住着更舒坦些。有次我在跟她视频聊天时，她突然喊道："哎呀，你身后那堵墙的颜色真好看！我也想把家里餐厅的墙壁弄得更亮些！"前几天，母亲在网上发现了一家卖漂亮绒毯的商铺，当即就下了单。真是不折不扣的乐天派啊！

德国外祖父也跟我讲过一件事。外祖父和外祖母曾经每年都会抽两次空儿去西班牙的别墅里小住，但外祖母患了阿尔茨海默病后，整个人躲在屋里不愿出门。但总待在家里也挺无聊的，正好碰到朋友邀请，外祖父便决定带着外祖母去西班牙散散心。虽然旅途中每天都少不了担心，但去喜欢的餐厅里吃饭时，外祖母仍会将最爱的汤喝得一滴不剩，跟往常一样吃得很开心。外祖父后来跟我提起这件事时，常感叹说："真搞不懂我俩那时待在家里磨蹭什么……"纯粹坐等的话，什么也开始不了，凡事也不会朝着好的方向转变。尽管外祖母不能像健康时一样去理解所有的事情，但当她坐在日光倾洒的阳台上晒暖时，我想她的心里应该感觉到了幸福。

看来，在很多场合中，我们都不能擅自去下结论。哪怕年纪再大、身体不能自由活动，敢于去挑战仍然非常重要，能让自己开心的只有自己而已。这些都是外祖父母和母亲教给我的宝贵人生经验。